사이언스툰 과학자들 5

김재훈 지음

사이언스툰 과학자들 5

퀴리부터 아인슈타인까지

책을 시작하기에 앞서

현대 사회는 과학이라는 이름 아래 모든 것이 설명된다고 해도 과언이 아닙니다. "과학적이다" 또는 "과학적이지 않다"라는 말 한마디로 모든 것이 판단되거나 설명되곤 합니다. 사람들은 은하계 너머의 먼 우주는 고사하고, 태양계에 속한 비교적 가까운 행성조차 직접 볼 수 없습니다. 그래도 과학자들이 계산한 별들의 운동 법칙을 신뢰하고 허블망원경이 전송해 준 사진을 믿어 의심치 않습니다. 어떠한 논쟁에서도 과학적이고 실증적인 근거를 많이 제시하는 쪽이 결국 승자가 되는 걸 당연시합니다.

오늘날 과학은 중세 서구 세계의 인식을 지배했던 계시의 로고스와 비교해도 그 권위가 결코 뒤지지 않습니다. 과학적 이성이 19세기를 지나 20세기를 관통하면서 세계관과 인류의 영혼에까지 침투하는 가공할 위력을 발휘할 때, 후설 같은 몇몇 철학자들은 실증주의에 천착하는 사유의 위험을 경고하기도 했습니다. 그러나 이미 대세는 기울었습니다. 대중은 관념이니 선험이니 하는 철학보다 스마트한 과학을 선택했습니다. 과거, 생각하는 철학자들이 사유의 일부분으로 다루었던 자연철학이 학문의 옥좌를 차지한 것입니다.

현대 사회에서는 종교도 비과학적이라는 이유로 비판받기도 합니다. 종교보다 과학이 우선하는 시대죠. 하지만 종교가 과학보다 우선이던 시대가 있었습니다. 오로지 신의 말씀과 그 대리인 격인 성직자의 가르침을 신뢰하고,

과학을 비종교적이고 비합리적이라는 이유를 들어 비난하거나 조롱하던 시대가 아주 멀리 있었던 것은 아닙니다. 그 시간 속에서 많은 사상가는 철학자이자 과학자였고, 투사이기도 했습니다. 고대의 자연철학자들부터 20세기 과학자들에 이르는 일화를 소개하는《사이언스툰 과학자들》은, 어쩌면 세계의 원리와 현상을 이해하는 자신들의 방식을 알리기 위해 지난한 투쟁의 세월을 겪고 끝내 학문의 주역이 된 이들의 연대기일지도 모르겠습니다.

과학보다는 인문학에 더 친숙했던 사람이 과학 이야기를 그린다는 것이 쉬운 일은 아니었습니다. 하지만 나와는 전혀 상관없을 것 같던 과학을 역사와 인물로 접근하니 이야기로 풀어갈 수 있다는 자신감이 생겼습니다. 그래서 이 책이 탄생하게 되었습니다.

앞으로 여러분은《사이언스툰 과학자들》에서 오늘의 과학 세계를 만든 50명의 과학자를 시대 순으로 차근차근 만나게 될 것입니다. 마지막 5권에서는 19~20세기 과학자 11명이 대미를 장식합니다. 양자론의 토대를 마련한 보어, 방사능의 성질을 규명한 퀴리, 상대성이론을 탄생시킨 아인슈타인부터, 우주가 팽창한다는 사실을 밝혀낸 허블과 DNA의 구조를 밝힌 프랭클린까지…. 이 시대 과학자들의 성취는 아주 미시적인 세계와 상상 너머의 시공간을 가리지 않고 종횡무진했습니다. 교과서에서 익히 만나왔지만 정작 자세히 알지는 못했던 과학자들이 주인공이 되어 자신의 이야기를 직접 들려줄 텐데요. 건조하기만 했던 여러 이론과 법칙이 나와 비슷하고도 다른 '인간'들의 삶 속에서 탄생하는 순간을 마주하다 보면, 과학이 전과 달리 좀 더 친근하게 느껴질 것입니다. 그럼 지금부터 2,500년 과학사를 추동해 온 위대하고도 인간적인 과학자들을 함께 만나러 가봅시다.

2023년 9월

김재훈

"우리가 창조해 낸 세계는 곧 우리가 생각하는 과정이다.
우리의 생각을 바꾸지 않고서 세계는 변화하지 않는다."

— 알베르트 아인슈타인

과학자들은 자연의 모든 현상에 대한

답을 찾아가고자 애썼습니다.

상상할 수 없는 시공간을 상상하고

보이지 않는 세계를 탐구해

세상을 이해할 수 있는 방정식을 만들어 냈습니다.

차례

01

전자기학의 완성

제임스 클러크 맥스웰

James Clerk Maxwell (1831~1879)

영국의 수학자이자 이론물리학자이다. 맥스웰 방정식으로 빛의 본질을 표현했으며, 전기 및 자기 현상에 대한 통일적 기초를 마련했다. 이는 상대성이론과 양자론의 토대가 되었다.

아인슈타인의 연구실 벽에는

세 인물의 초상이 걸려 있었다고 합니다.

뉴턴과 패러데이와 제임스 클러크 맥스웰이었습니다.

맥스웰은 전자기학을 집대성한 과학자로,

아인슈타인은 특수상대성이론이

그의 방정식에 빚졌다며 칭송했습니다.

1861년 영국 런던의 한 카페에서 두 과학자가 만났습니다.
한 사람은 이미 전자기유도를 비롯한 여러 업적으로 명성이 높았던 패러데이,
또 한 사람은 이론물리학자 제임스 클러크 맥스웰이었습니다.

반갑네.
첨 뵙겠습니다.
자네 몇 년생인가?
31년생인데요?

맥스웰은 이날 강연에서 세계 최초의 컬러사진을 선보였고,
강연이 끝나자마자 패러데이를 만난 것입니다.

컬러사진 강연이 무척 인상적이었네.
빨강, 초록, 파랑 빛의 3원색을 혼합하면 모든 색을 다 만들 수 있다는 거 아닙니까?
만들 수 있다는 건가? 아니란 건가?

공히 불세출의 천재였던 둘은 40년 나이 차이만큼이나 사고방식이 달랐습니다.

난 실험해 본 결과 빛이 파동이라고 생각하네.
자네 생각은 어떤가?
수학적으로 계산해 보면 알겠지요.
실험은 안 하고?
제가 곱게 자라서 허드렛일은 싫어해요.
커피나 한잔하게.
홍차 마시면 안 될까요?
자네한테는 커피가 어울리네.

패러데이는 자신의 직관과 상상을 부단한 실험으로 밝히는 '실험광'이었습니다.
반면 맥스웰은 세상을 수학적으로 바라보고 생각하는 '수학 천재'였습니다.

내 평생의 연구 자료들과
자네 수학 실력이 만나면 금상첨화겠군.
예전의 브라헤와 케플러처럼.
수학 실력은 케플러보다 제가 더 좋지요.
내 실력도 브라헤보다 좋긴 하지만
난 워낙 겸손해서 그렇게는 말 못 하겠네.

그날 아마 두 사람은 편광면이 회전하는 '자기광학 효과'에 관해 의견을 나누었을 겁니다.

자기장에 의해 편광 변화를 일으켰다는 내 실험에 관해 들어봤나?
논문 읽어봤습니다.
물론 그럴 줄 알았지만, 내가 워낙 겸손해서 한번 물어본 걸세.

자기광학 효과는 1845년 패러데이가 빛과 전자기의 관계를 실험하던 중 우연히 발견됐습니다.

일명 '패러데이 효과'라고 부르죠.
그게 뭔데?
편광판
먼저 편광이란 한 방향으로만 진동하는 빛줄기를 말합니다.
예를 들어, 이렇게 다양한 방향의 파동이 진행하는 가운데 편광판을 놓으면, 이 편광판의 방향과 일치하는 파동만 걸러낼 수 있겠죠?
그게 바로 편광입니다.
빛이 파동이란 전제가 있어야겠네.

패러데이는 편광을 강력한 자기장에 통과시키고 자기장을 회전시켜 보았습니다.

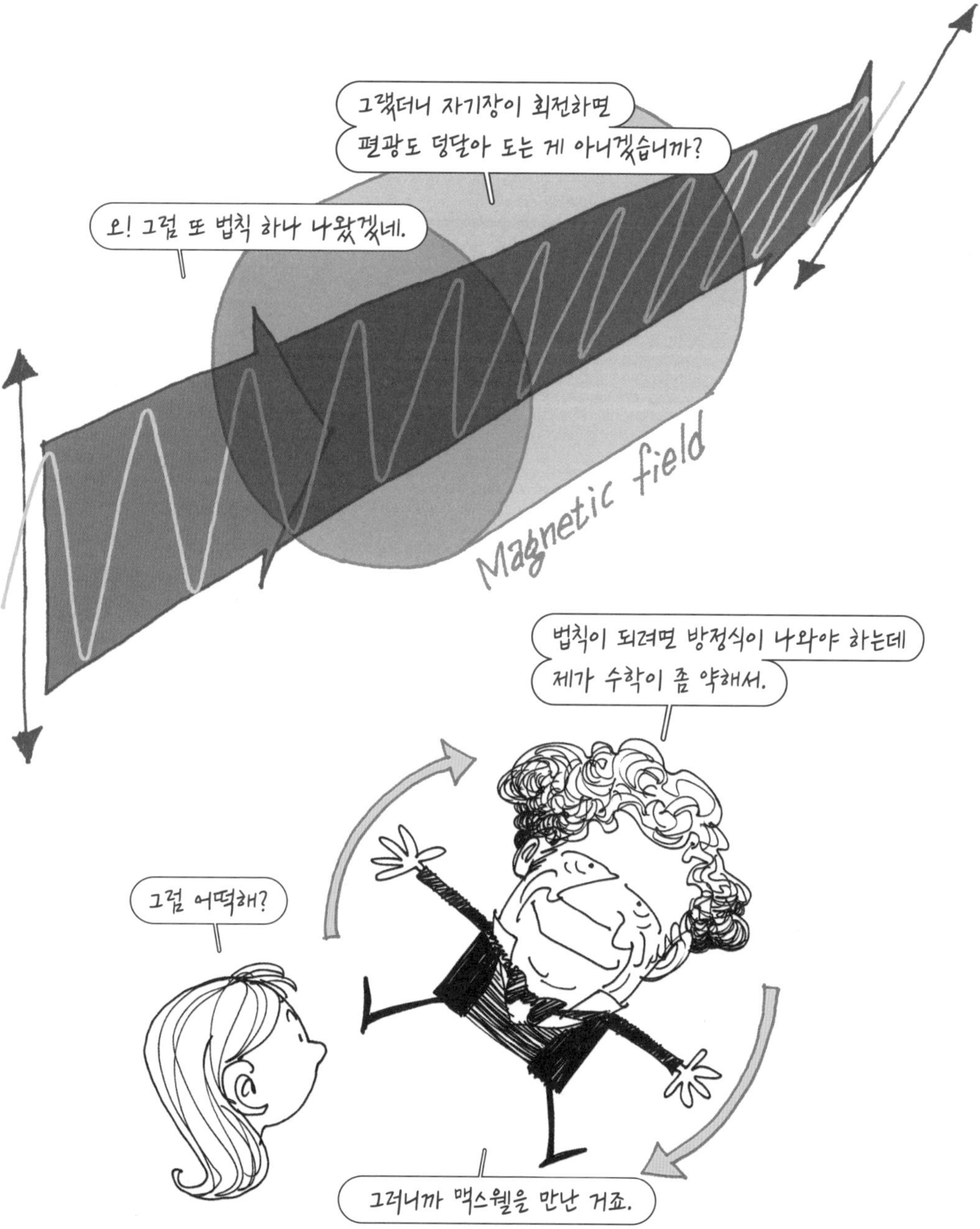
그랬더니 자기장이 회전하면
편광도 덩달아 도는 게 아니겠습니까?
오! 그럼 또 법칙 하나 나왔겠네.
Magnetic field
법칙이 되려면 방정식이 나와야 하는데
제가 수학이 좀 약해서.
그럼 어떡해?
그러니까 맥스웰을 만난 거죠.

자기광학 효과뿐 아니라 패러데이가 평생 쌓은 연구 자료를 모두 넘겨받은 맥스웰.

이 모든 걸 수학으로 증명해 주게.
이걸로 제가 방정식을 완성하면 갈릴레이를 이어 뉴턴이 고전물리학의 아버지가 된 것처럼, 저는 전자기학의 아버지가 되겠군요.
난 겸손해서 내가 갈릴레이라고는 말 못하겠네.

패러데이의 바람에 부합할 적임자로 당대에 그만한 사람이 또 없었습니다.

열네 살 때 벌써 끈과 핀만 사용해
타원을 작도하는 법에 관한 논문을 썼어요.
아버지가 깜짝 놀라셨겠네.
아버지 친구분이 더 놀랐죠.
에든버러 대학의 교수인 제임스 포브스란 분이
제 논문을 왕립학회에 들고 가서 읽었거든요.

이게 열네 살짜리 애가
쓴 거다. 죽이지?
James Forbes

맥스웰의 아버지는 아주 부유한 지주이자 법률가였는데 총명한 아들에게 거는 기대가 컸습니다.

나는 네가 뛰어난 수학 실력을 발휘할 수 있는 직업을 갖길 바란다.
그게 뭔까요?
뛰어나게 수학을 잘하는 법률가가 되길 바란다.

그런데 맥스웰의 과학적 잠재력을 확신한 포브스 교수는 그의 아버지를 적극적으로 설득했죠.

네 아들이 어떤 아들인지 아냐?
이담에 과학계의 거성이 될 거라고.
될지 안 될지 어떻게 알아?
지난번에 녀석이 쓴 논문 있잖아,
그게 왕립학회를 뒤집어 놨어.
그래도 모르겠냐?
저 녀석이 과학에 투신하면
머잖아 세상에 뉴턴이 한 명 더 나오는 거라고.
뉴턴 알지?

케임브리지 트리니티 칼리지를 다닌 맥스웰은 역시 수학과 과학 분야에서 두각을 나타냈습니다.

1858년에는 토성의 고리가 작은 입자들로 구성되어 있다는 내용의 논문을 발표했어요.
망원경으로 봤어?
아니요. 수학적으로 계산해 보니 그렇게 생겨야만 했어요.
가보지도 않고 어떻게 확신해?
나중에 보이저호가 가서 보겠지요.

기체역학, 열역학 등 다양한 주제를 연구했던 맥스웰이었지만
가장 중요한 과제는 빛과 전자기학이었습니다.

1856년에 이미 〈패러데이의 역선에 관하여〉라는 논문을 썼어요. 1861년부터 1862년까지 4부작으로 〈물리적 역선에 관하여〉도 쓴 거고요.
그 역선은 내가 전자기 현상을 설명하기 위해 쓴 개념으로, 자석과 전류 주변의 공간을 채우는 가상의 선이지.
다 아는 얘길 왜 하십니까?
그냥 허공에 대고 얘기한 걸세. 커피나 마시게.

그는 패러데이의 실험 결과를 포함해 그때까지 알려진 모든 전자기학 이론을 견고한 수학의 성에 올려놓는 작업에 착수했습니다.

선배님들, 그동안 힘드셨죠.
제가 딱 여덟 줄 정도의 방정식에 다 집어넣을 겁니다.
쉽지 않을 텐데.

'맥스웰 방정식'은 뉴턴의 역학 법칙에 버금가는 명료한 방정식으로, 전자기학을 집대성하는 역사적인 프로그램이었죠.

저자에게 전자기학의 미래를 맡겨도 될까?
Gauss
믿고 그냥 커피나 마시자고.
Ampère
Coulomb
패러데이 전자기유도,
쿨롱의 법칙,
가우스 법칙,
앙페르 법칙….
손봐야 할 게 많네.

그리고 1865년 마침내 기념비적인 논문 〈전자기장의 동역학적 이론〉을 세상에 내놓았고,

〈 A Dynamical Theory of the Electromagnetic Field 〉
다 했어요!
벌써?
제가 또 미적분 좀 한다 아닙니까?
방정식 여덟 개에 세상 이치를 담았네그려.

이어서 1873년 과학사에 길이 남을 명저 《전자기학》을 발표해 과학계를 깜짝 놀라게 했죠.

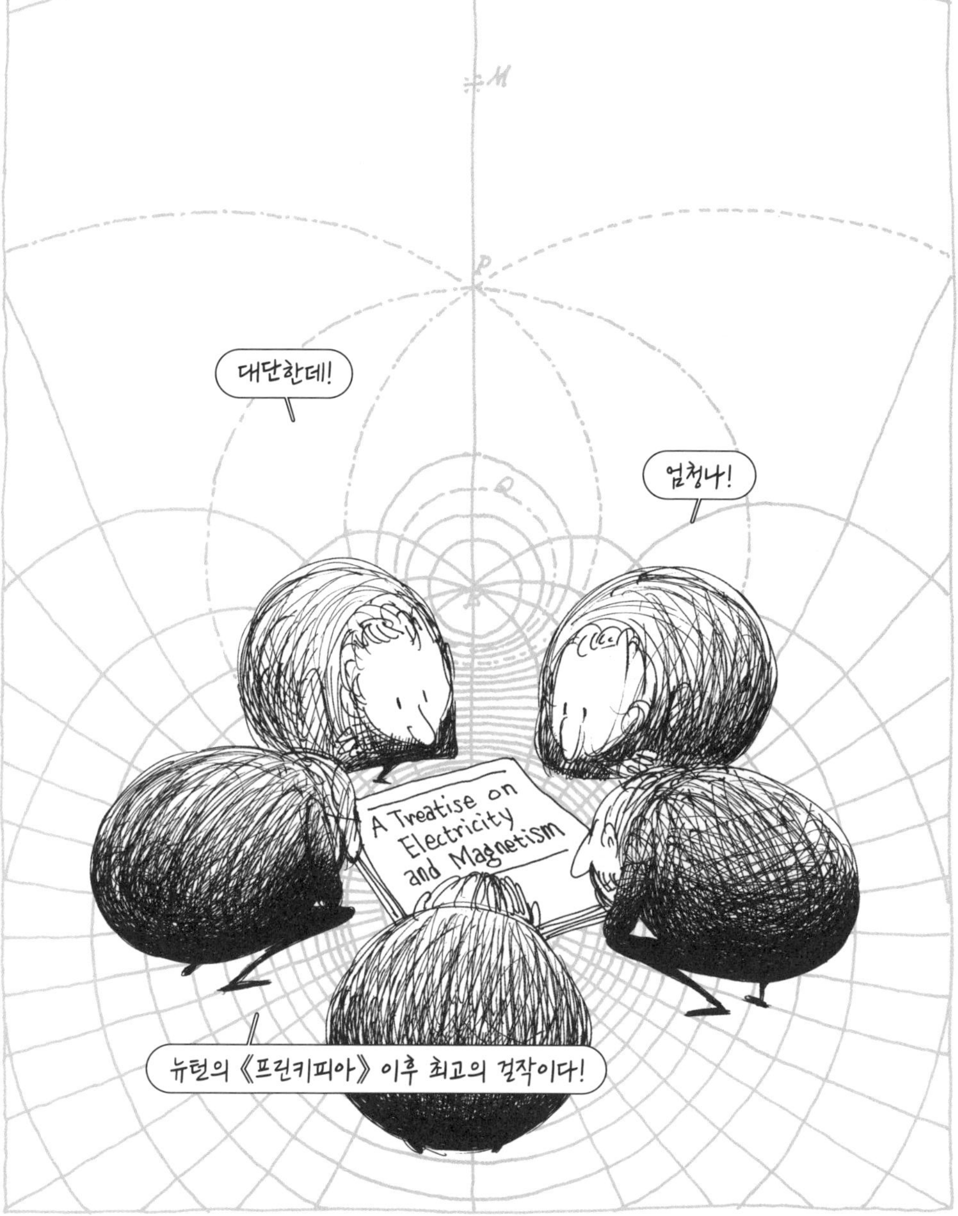
대단한데!
엄청나!
A Treatise on Electricity and Magnetism
뉴턴의 《프린키피아》 이후 최고의 걸작이다!

맥스웰이 전기와 자기 현상을 통합해서 나타낸 일련의 방정식은 이후 영국 물리학자 올리버 헤비사이드에 의해 네 개로 요약되었습니다.

첫 번째는 전기장의 가우스 법칙이고,
두 번째는 패러데이 법칙,
세 번째는 자기장의 가우스 법칙,
Oliver Heaviside
$\nabla \cdot E = \frac{\rho}{\varepsilon_0}$
$\nabla \cdot B = 0$
$\nabla \times E = -\frac{\partial B}{\partial t}$
$\nabla \times B = \mu_0 J + \mu_0 \varepsilon_0 \frac{\partial E}{\partial t}$
네 번째는 앙페르-맥스웰 법칙.

첫 번째, 전기장의 가우스 법칙은 전하에 의해 생겨나는 전기장의 형태를 규정합니다.

전기장(E)은 양전하에서 발산하고 음전하로 들어간다는 의미.
이건 가우스 법칙이기도 하고 쿨롱의 법칙이기도 해요.
수식을 보면 하나의 전하에서 비롯된 전기장의 세기가 거리 제곱에 반비례하는 게 보이죠?
$\nabla \cdot E = \frac{\rho}{\varepsilon_0}$
안 보여.
$\oint_S D \cdot dA = \int_V \rho \cdot dV$

두 번째, 패러데이 법칙은 자기장의 변화에 따른 전기장의 형태를 규정합니다.

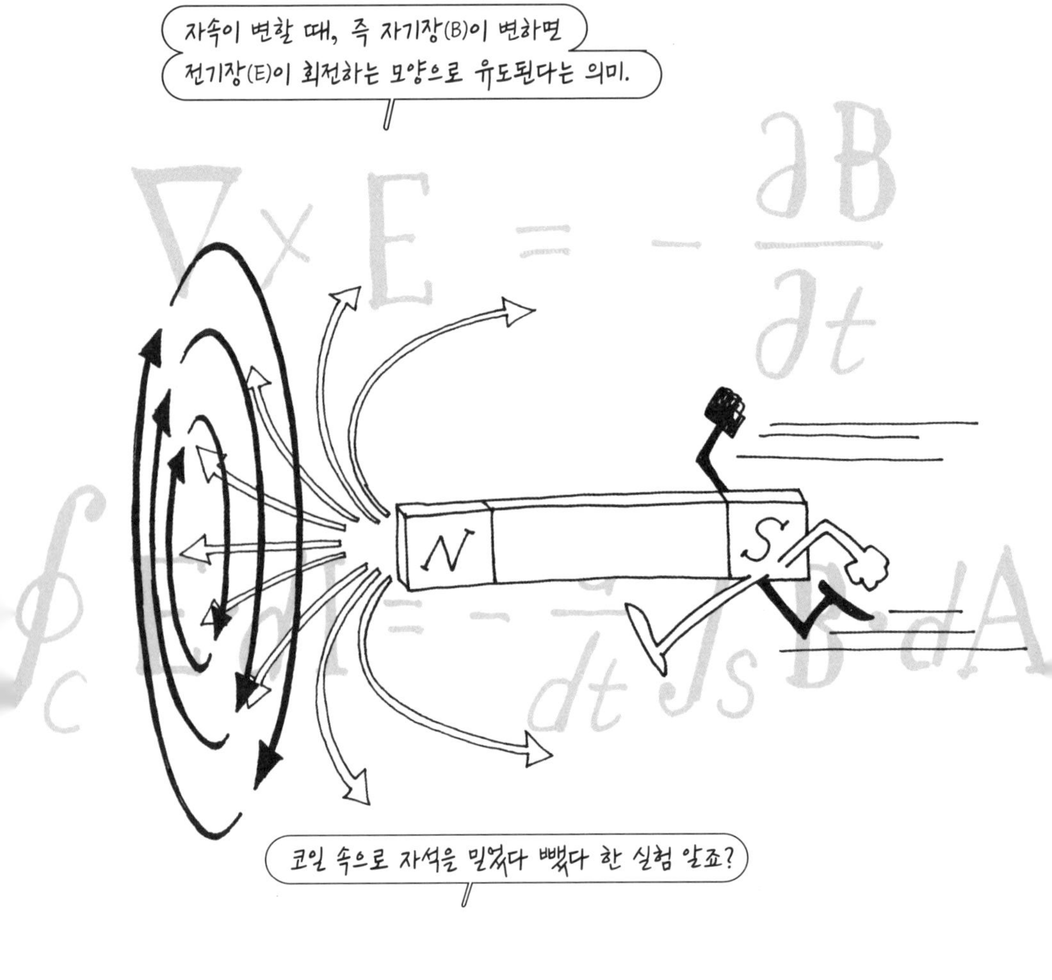
자속이 변할 때, 즉 자기장(B)이 변하면
전기장(E)이 회전하는 모양으로 유도된다는 의미.
$\nabla \times E = -\frac{\partial B}{\partial t}$
N
S
코일 속으로 자석을 밀었다 뺐다 한 실험 알죠?

알아.

세 번째, 자기장의 가우스 법칙은 자기장은 발산하거나 수렴하지 않고 늘 폐곡선 형태임을 규정합니다.

그래서 일정한 공간에서 서로 반대 방향으로 작용하는 힘의 크기를 합하면 항상 0이 된다는 의미.
$\nabla \cdot B = 0$
$\oint_S B \cdot dA = 0$
자기장에서 N극과 S극은 결코 홀로 존재하지 않거든요. 그래서 자기력선은 시작과 끝이 없어요.

그리고 마지막 방정식은 전류 주위를 회전하는 자기장을 규정한 앙페르 법칙을 수정해서 한 가지를 더 보탠 겁니다.

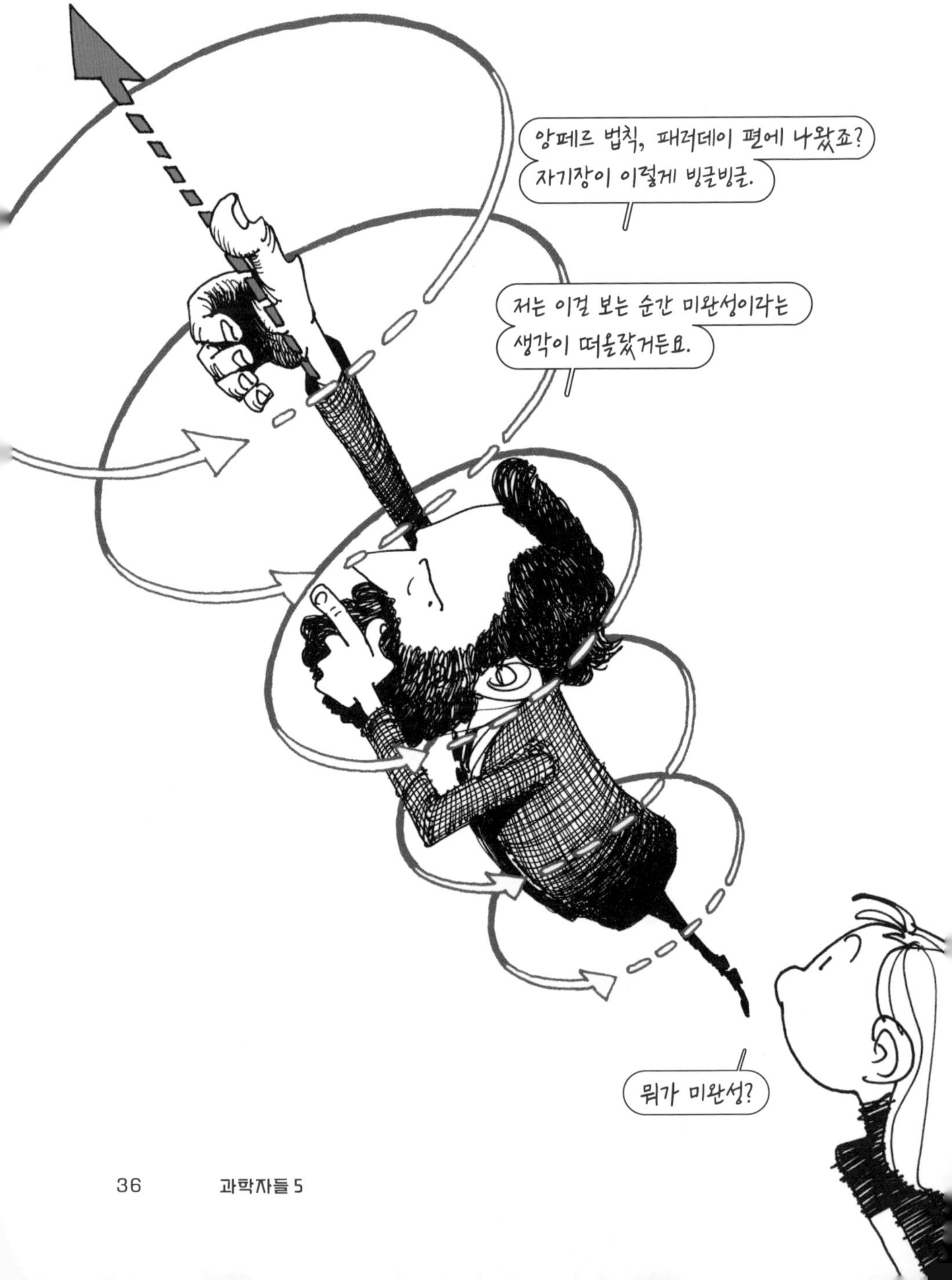
앙페르 법칙, 패러데이 편에 나왔죠?
자기장이 이렇게 빙글빙글.
저는 이걸 보는 순간 미완성이라는 생각이 떠올랐거든요.
뭐가 미완성?

맥스웰은 자기장의 변화가 전기장을 유도하는 것처럼
전기장의 변화도 자기장을 유도할 거라고 생각했습니다.

자기장이 만들어지고 나면 끝일까요?
전 아니라고 봤어요.
무슨 근거로?
자연은 아날로그 감성이라고 생각했거든요.
앙페르 법칙과 패러데이 법칙이 이어진다고?
언젠가 실제로 증명될 거라고
확신한 수학적인 추측이었구나.
맞아요. 토성 고리를 보이저호가 보고
확인할 것처럼.

그렇게 해서 맥스웰은 전자기에 관한 모든 설명을 간단한 방정식에 다 담은 거죠.

미적분 안 배운 사람은 어떻게 알아먹으라고?
어쨌든 저는 할 말 다 했습니다.
$\nabla \cdot E = \frac{\rho}{\varepsilon_0}$
$\nabla \cdot B = 0$
$\nabla \times E = -\frac{\partial B}{\partial t}$
$\nabla \times B = \mu_0 J + \mu_0 \varepsilon_0 \frac{\partial E}{\partial t}$

그런데 맥스웰이 마지막 방정식에 추가한 내용은 또 다른 결실로 이어졌는데,

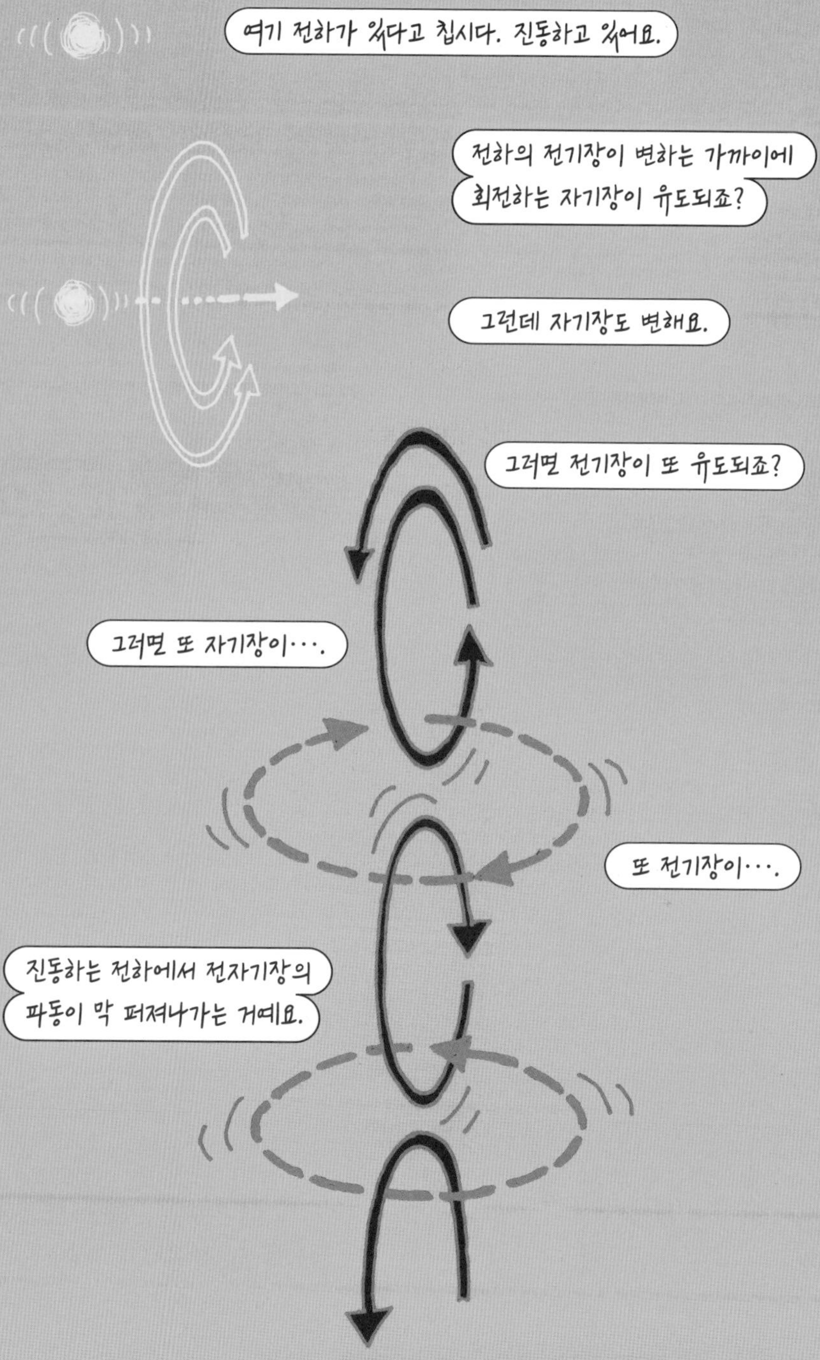
여기 전하가 있다고 칩시다. 진동하고 있어요.
전하의 전기장이 변하는 가까이에
회전하는 자기장이 유도되죠?
그런데 자기장도 변해요.
그러면 전기장이 또 유도되죠?
그러면 또 자기장이….
또 전기장이….
진동하는 전하에서 전자기장의
파동이 막 퍼져나가는 거예요.

그가 떠올린 것은 전자기파였습니다.

슝—
전자기파가 퍼져나가는 속도를 계산해 봤거든요.
초당 31만 700km 정도 되더라고요.
뭐? 그건?!
예, 얼추 빛의 속도지요

그리고 그는 빛이 일종의 전자기파라는 결론을 내렸습니다.

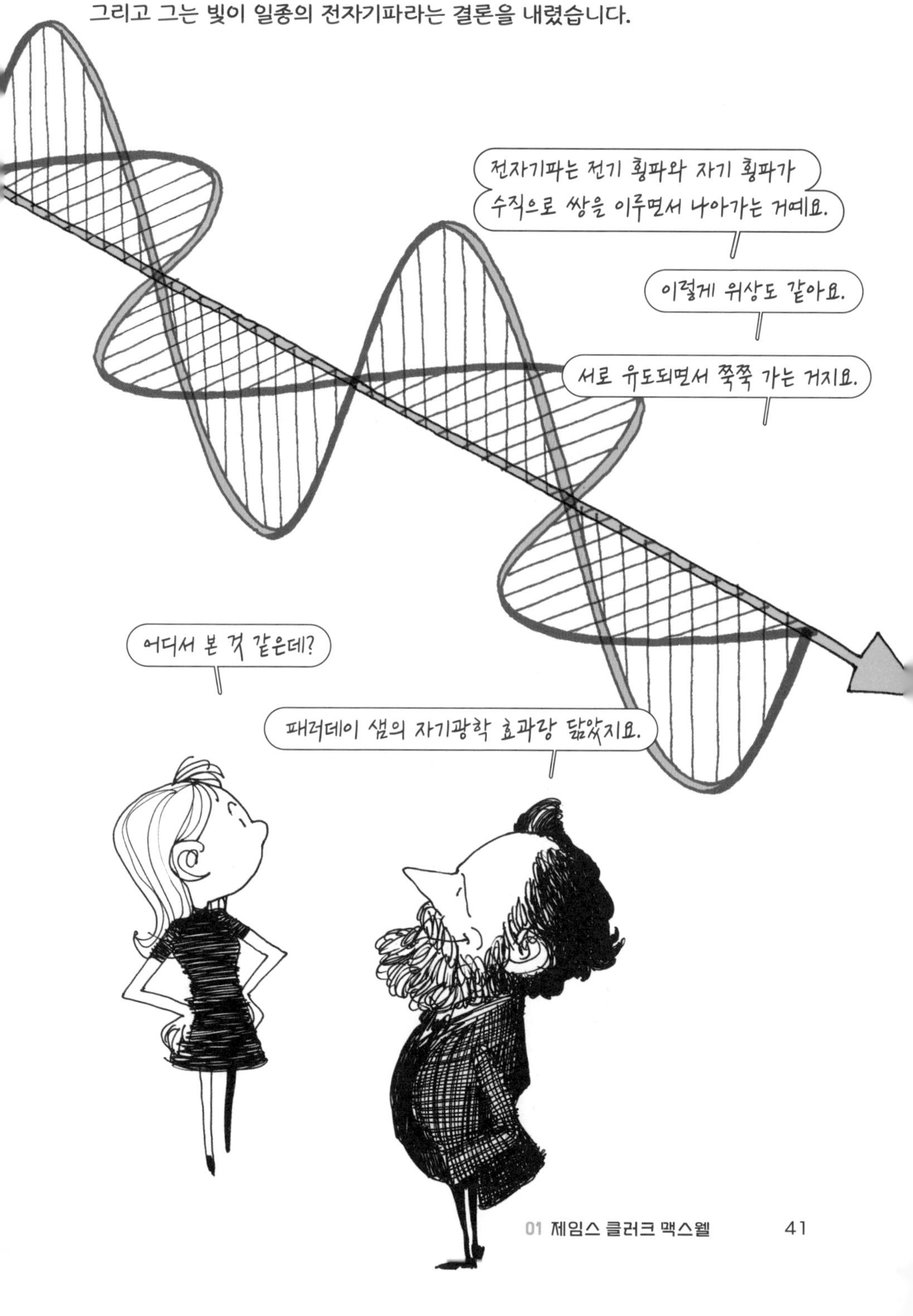

전자기파는 전기 횡파와 자기 횡파가 수직으로 쌍을 이루면서 나아가는 거예요.
이렇게 위상도 같아요.
서로 유도되면서 쭉쭉 가는 거지요.
어디서 본 것 같은데?
패러데이 샘의 자기광학 효과랑 닮았지요.

그 빛나는 수학적 추론은 나중에 독일의 물리학자 하인리히 헤르츠에 의해 사실로 증명되었습니다.

빛의 속도로 전파되는 라디오파를 발견했다.
Heinrich Hertz
패러데이도 맞았다!
맥스웰이 맞았다!

그리고 과학자들은 전자기파의 스펙트럼을 모두 찾아냈습니다.

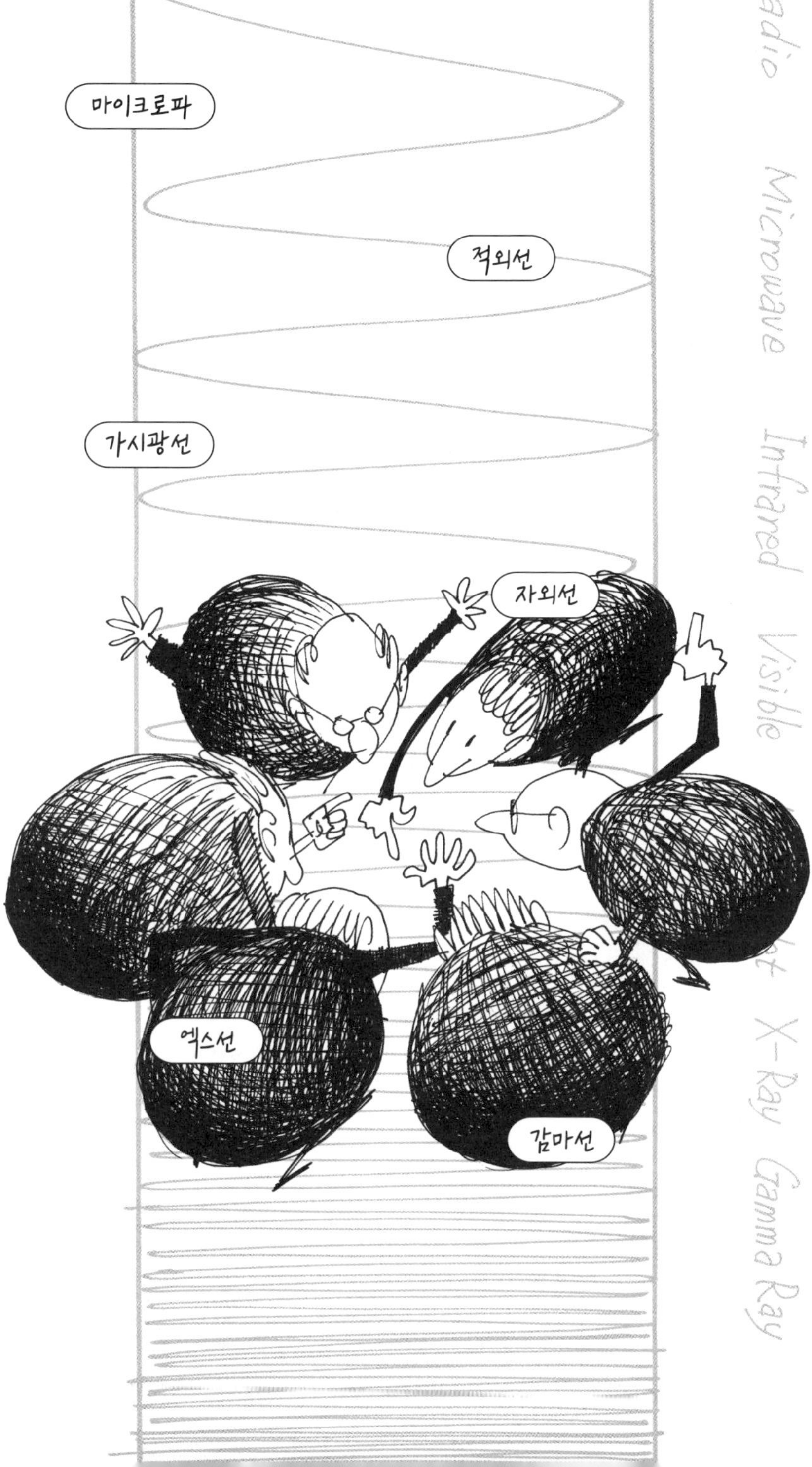

작은 메모지 한 장 분량의 방정식이 세상의 전자기 현상뿐 아니라 우주로 뻗은 빛의 본질까지 다 표현해 낸 것입니다. 맥스웰이 남긴 성과와 숙제는 20세기 과학의 상대성이론과 양자론의 토대가 되었습니다.

과학의 한 시대가 끝나고,
맥스웰과 더불어 새로운 시대가 시작됐다.
MAXWELL
1931년에 아인슈타인도 한 말씀?
MAXWELL
그런데 빛이 전파면 매질이 있어야 할 거 아냐?

02

어둠을 밝히는 전구

토머스 에디슨

Thomas Edison (1847~1931)

미국의 발명가. 백열전구에 관한 특허를 취득했다. 높은 효율의 전구를 만들기 위해 적합한 필라멘트 찾으려고 무수한 실험을 반복했다. 세계에서 가장 많은 발명을 남긴 사람이다.

우리는 어릴 때 미국의 발명가 토머스 에디슨이

처음으로 전구를 발명해 어두운 밤을

밝혔다고 믿었던 적이 있습니다.

하지만 에디슨의 백열등 기술이

실용화되기 전부터 과학자들은 여러 가지

전기 조명을 연구하고 만들었습니다.

우리는 흔히 전기 하면 전구를 먼저 떠올리곤 합니다.

넌 뭘 그린 거니?
패러데이가 전자기유도를 실험한 쇠고리예요.
그런 흉측한 거 말고 그냥 전구를 그리지 그러니?

어둠을 밝히는 시각적인 효과를 직관적으로 표현해 주기 때문일 겁니다.

아이디어가 떠올랐을 때 쓰는 아이콘으로
전구 대신 교류발전기 그림이 어떨까?
그런 아이디어는 직관의
세계 아래에 깊이 묻어둬.

전구가 빛을 발하는 대표적인 두 가지 원리는 방전과 저항입니다.

번개도 전구와 같은 원리라는 얘기?
그렇죠. 번개와 벼락도 방전이니까요.
전구 상표를 번개표라고 해도 되겠네.

먼저 방전과 축전기의 원리부터 살펴볼까요?

CONDENSER
축전기는 뭐래?
말 그대로 전하를 모으는 전기적 장치예요.

번개가 치려면 구름과 대기가 대전되어야 하고,

정전기가 생기려면 마찰로 물체를 대전시켜야 하죠.

높은 구름의 아랫부분에 음전하가 모이지.
구름 속 입자들끼리의 마찰 때문이지.
털가죽으로 문지른 호박에 음전하가 모이듯이.

과학자들은 인위적으로 전하를 모아 저장하는 방법도 알아냈습니다.

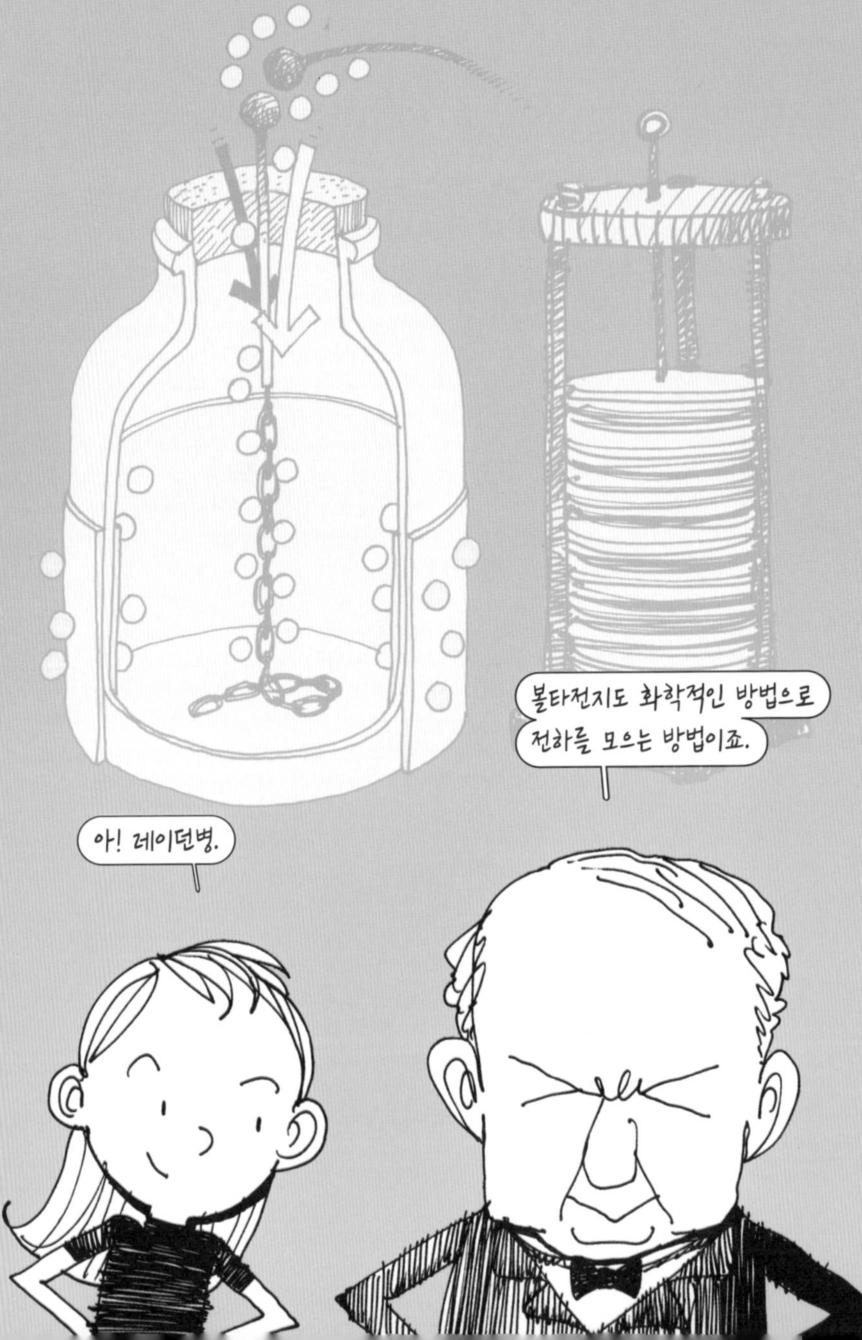
볼타전지도 화학적인 방법으로 전하를 모으는 방법이죠.
아! 레이던병.

전지가 발명되면서 전류를 통해 대전체를 만들기가 더 쉬워졌죠.

두 개의 도체를 서로 마주 보게 두고
중간은 절연체로 메워요.
그다음 전선을 전지에 연결해 전류를 흘리면?
도체
절연체
도체
한쪽에는 음전하,
다른 쪽에는 양전하가 모이는구나.
충분히 모였을 때 전류를 차단하면
전하는 그 상태로 붙잡혀 있겠죠.

이것이 바로 축전기의 원리입니다.

전기 기호로는 이렇게 표시합니다.
알겠다. 카메라 플래시도 일종의 축전기구나!
번쩍!
펑
역시!
제가 설명을 잘 했군요.
내가 똑똑한 거야.

그 원리로 처음 인공 조명을 만든 사람이 험프리 데이비입니다.

패러데이 편에 나온 그 데이비?
예, 데이비는 화학반응으로 전기가 만들어진다는 사실과 전지의 전하를 이용해 화합물을 분해하는 전기분해도 발견했어요.
패러데이만 발굴한 줄 알았더니?

그는 전지에 연결한 도선을 탄소막대에 연결하고 합선한 다음 살짝 떨어뜨려 보았죠.

이렇게 아주 가까이, 붙이지는 말고.
그러자 전류가 그 간극을 뛰어넘으면서 공기 중에
방전을 일으켰어. 엄청 밝은 빛을 내면서.
기체 방전이 절정에 달해 전극 재료
일부가 증발하면서 발광한 겁니다.
타버렸다는 소리군.

그 현상으로 전기 조명을 만들 수 있다고 직감한 데이비는
유리관을 씌운 아크등을 발명했습니다.

그때 방전을 이용한 빛의 모양이 반원을 그린다고 해서 아크등이라고 한 거죠.
방전 이름도 아크방전이라고 하지 그랬어?
그랬어.

하지만 아크등은 가정용 조명으로 쓰기에 치명적인 단점이 있었습니다.

아크등은 탄소가 금방 타버려서 계속 전극을 갈아줘야 했거든요. 그리고 빛이 지나치게 밝았어요.
그래서 안 쓰고 버렸어?
광장의 가로등이나 등대에서 좀 썼어요.

전구의 대명사였던 백열등의 원리는 방전과 다른 또 한 가지 전류의 성질, 바로 저항을 이용하는 방법이었습니다.

저항이라면? 전류를 못마땅하게 만드는 뭔가?

저항은 전류가 순조롭지 못한 상태죠.

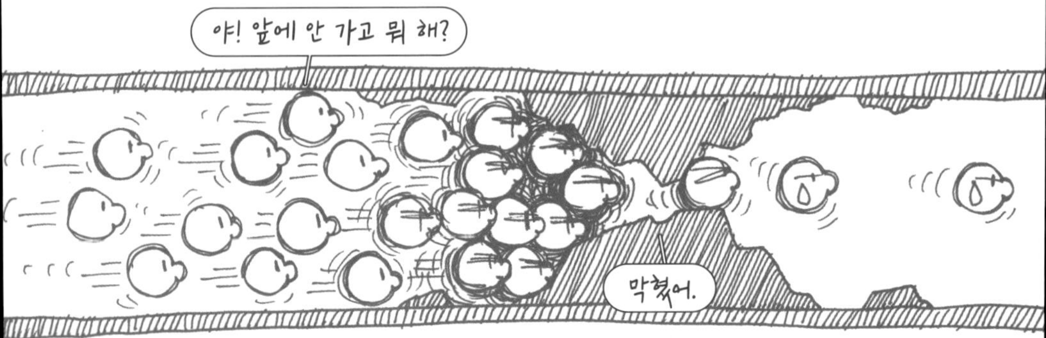
야! 앞에 안 가고 뭐 해?
막혔어.

전하의 흐름에 탈이 났다? 배관이 막히는 것처럼?
이제 설명을 안 해도 알아차리네요.
똑똑하다니까!
막힌 배관처럼 순조롭지 못한 도선 상태는 전류를 방해하죠.

저항은 도선의 길이에 비례하고 단면적에 반비례하는데,
도선의 성질에 따라 저항률도 다릅니다.

너무 좁아.
게다가 왜 이렇게 길어?
막힌 배관이 길거나 가늘면 저항이 크겠죠?
도선 중에는 구리처럼 전류가 잘 통하는 종류가 있고 덜 통하는 것도 있죠.
그러니까 좋은 전도체는 저항률이 낮다?
빙고!

저항이 큰 도선에서는 전류가 통과할 때 무슨 일이 벌어질까요?

열과 빛이 발생해요.
입자들끼리 서로 부딪쳐서
마찰이 생기는 것처럼.
전하들끼리 부딪친다고?
전하는 개념이라고 했는데?
그건 나중에 다른 과학자한테 질문하세요.
당신은 과학자 아냐?
나는 발명가 겸 사업가.

백열등은 바로 이런 점에 착안한 것입니다.

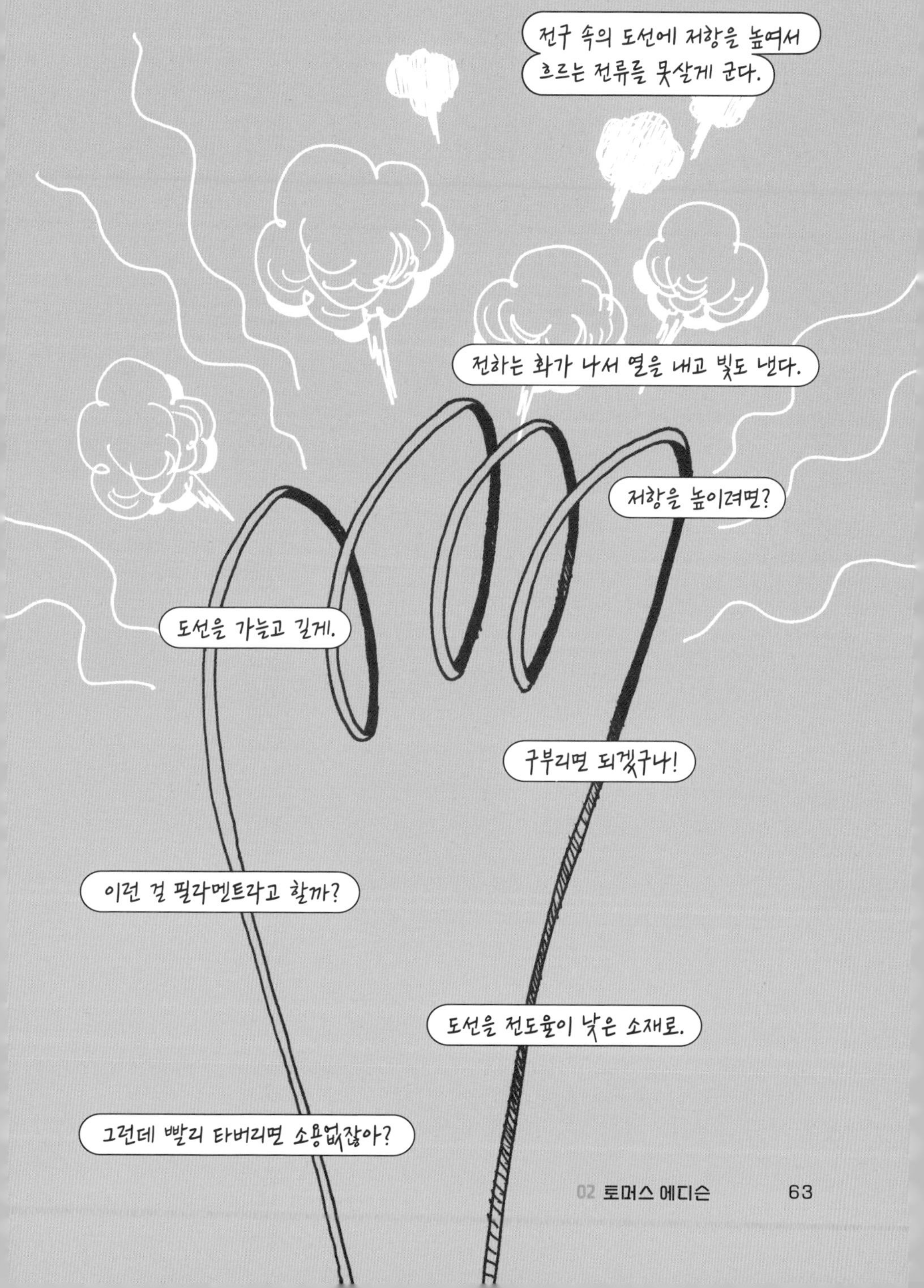

전구 속의 도선에 저항을 높여서
흐르는 전류를 못살게 군다.
전하는 화가 나서 열을 내고 빛도 낸다.
저항을 높이려면?
도선을 가늘고 길게.
구부리면 되겠구나!
이런 걸 필라멘트라고 할까?
도선은 전도율이 낮은 소재로.
그런데 빨리 타버리면 소용없잖아?

그래서 백열등은 유리로 막아 산소를 차단시키고
열에 견딜 수 있는 소재로 필라멘트를 만들어야 했습니다.

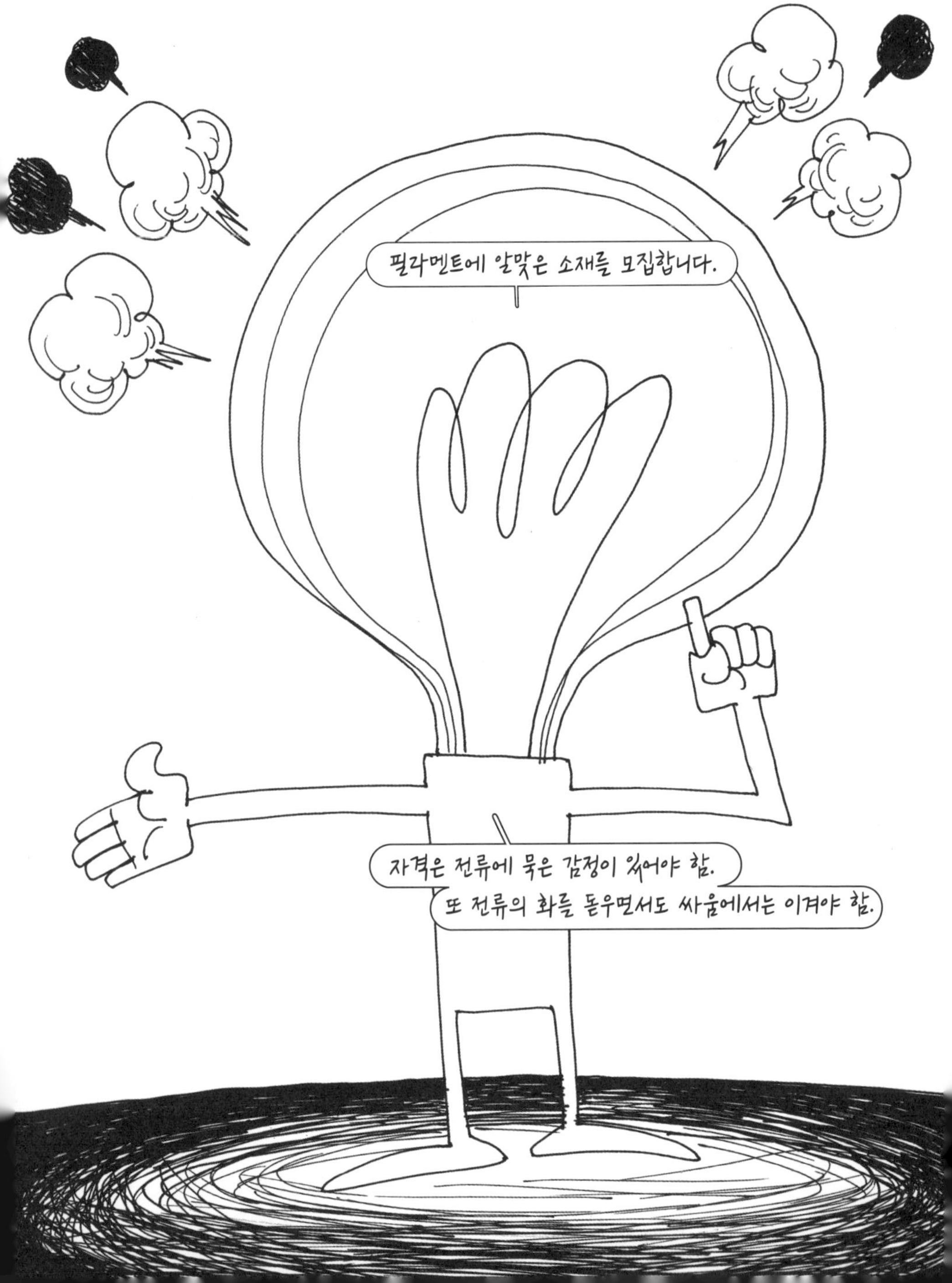
필라멘트에 알맞은 소재를 모집합니다.
자격은 전류에 묵은 감정이 있어야 함.
또 전류의 화를 돋우면서도 싸움에서는 이겨야 함.

저항의 잠재력을 간파한 각국의 과학자와 발명가 들이 백열등 개발에 나섰는데,

1879년 2월 영국의 조지프 스완이 비교적 쓸 만한 백열등을 처음 선보였습니다.

필라멘트는 탄소를 사용했어요.
유리구 속에는 압력이 낮은 비활성기체를 좀 넣었죠.
어때요? 전구처럼 생겼죠?

하지만 미국의 발명가 토머스 에디슨은 지고는 못 사는 성격의 위인이었죠.

게다가 집요하기까지 해.
예전에 누가 안 말렸으면
달걀도 부화시켰을걸?

에디슨은 필라멘트에 적합한 재료를 찾기 위해 1,000개가 넘는 물질로 실험해 봤습니다.

웬만한 건 다 해봤는데 이게 제일 나았어요.
뭔데?
일본산 대나무를 태운 숯으로 만든 탄소 필라멘트.
왜 하필 일본산?
어쩌다 보니 일제를 쓰게 되었네요.

그리고 자신이 발명한 전구를 실용화하기 위해 전기 산업 전반에 본격적으로 뛰어들었습니다.

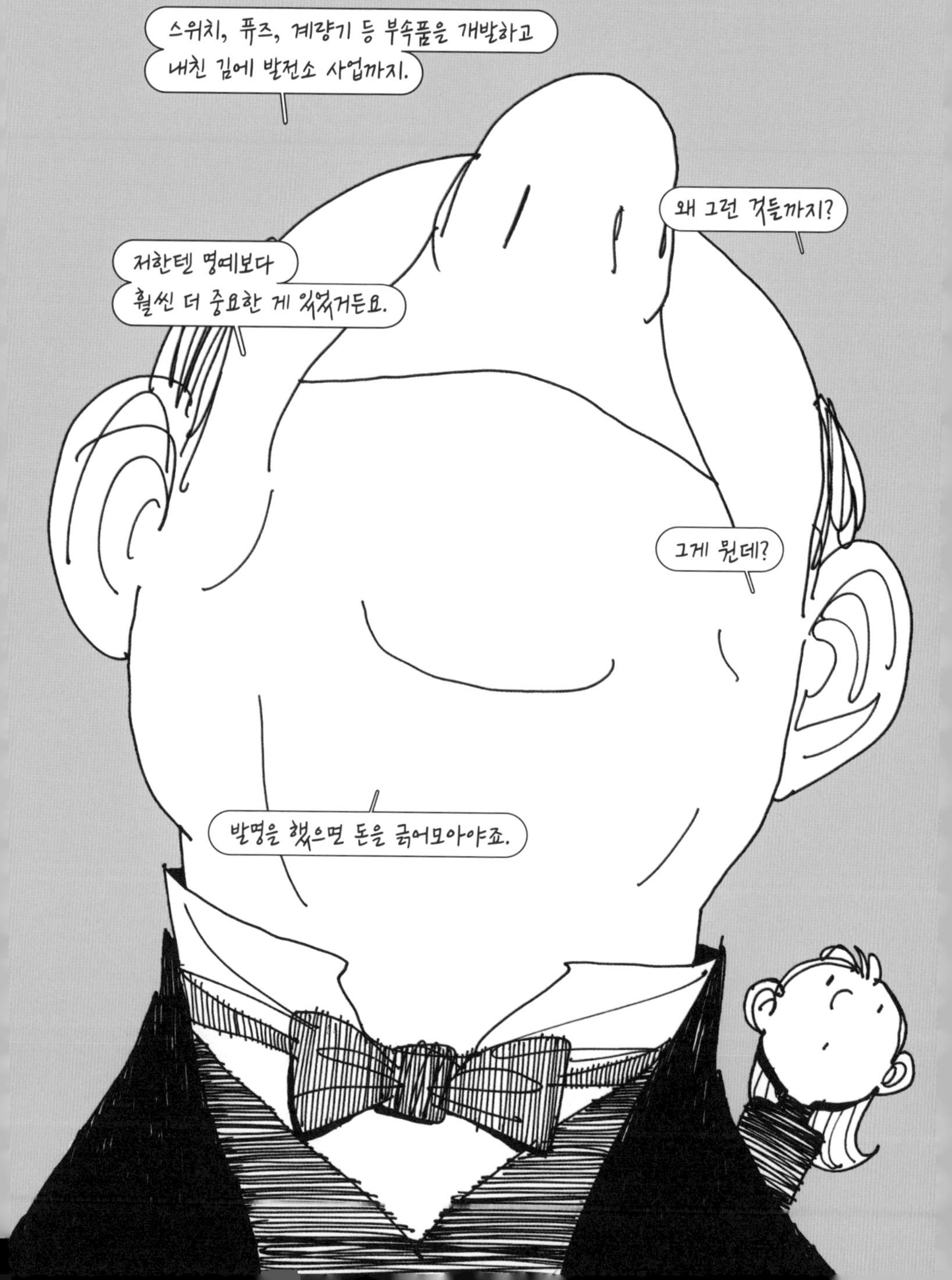
스위치, 퓨즈, 계량기 등 부속품을 개발하고
내친 김에 발전소 사업까지.
왜 그런 것들까지?
저한텐 명예보다
훨씬 더 중요한 게 있었거든요.
그게 뭔데?
발명을 했으면 돈을 긁어모아야죠.

그러다 1906년 독일 회사 오스람이 2,000℃에서도 견딜 수 있는 필라멘트를 개발했죠.

사장님, 독일에서
텅스텐 필라멘트를 개발했습니다.
텅스텐이 뭐냐?
원소기호 W, 원자번호 74.
녹는점이 아주 높고 단단하면서도
쭉쭉 잘 늘어나서 필라멘트로 딱이랍니다.

백열등은 꽤 오래 실생활에 쓰였지만 사실 에너지 효율은 거의 빵점인 조명등이었습니다.

전기에너지의 대부분은 열로 빠져나가고,
빛을 내는 데는 10% 정도밖에 안 쓰입니다.
조명 기구라기보다
난방 기구인 셈이네?
춥다. 난로 켜라.
난로가 어디 있어?
저게 난로잖아.

뜨겁지 않으면서도 밝은 빛을 내는 전등은 1938년이 되어서야 만들어졌습니다.

이것은 형광등입니다.
어떻게 만들었어?
반딧불이 엉덩이의 뜨겁지 않은 빛에서 힌트를 얻었습니다.
둥글지 않고 길쭉한데 불이 들어오냐?
제다이 기사들이 쓰는 광선검처럼 생겼네?

형광등은 백열등과 달리 방전을 이용한 조명등입니다.

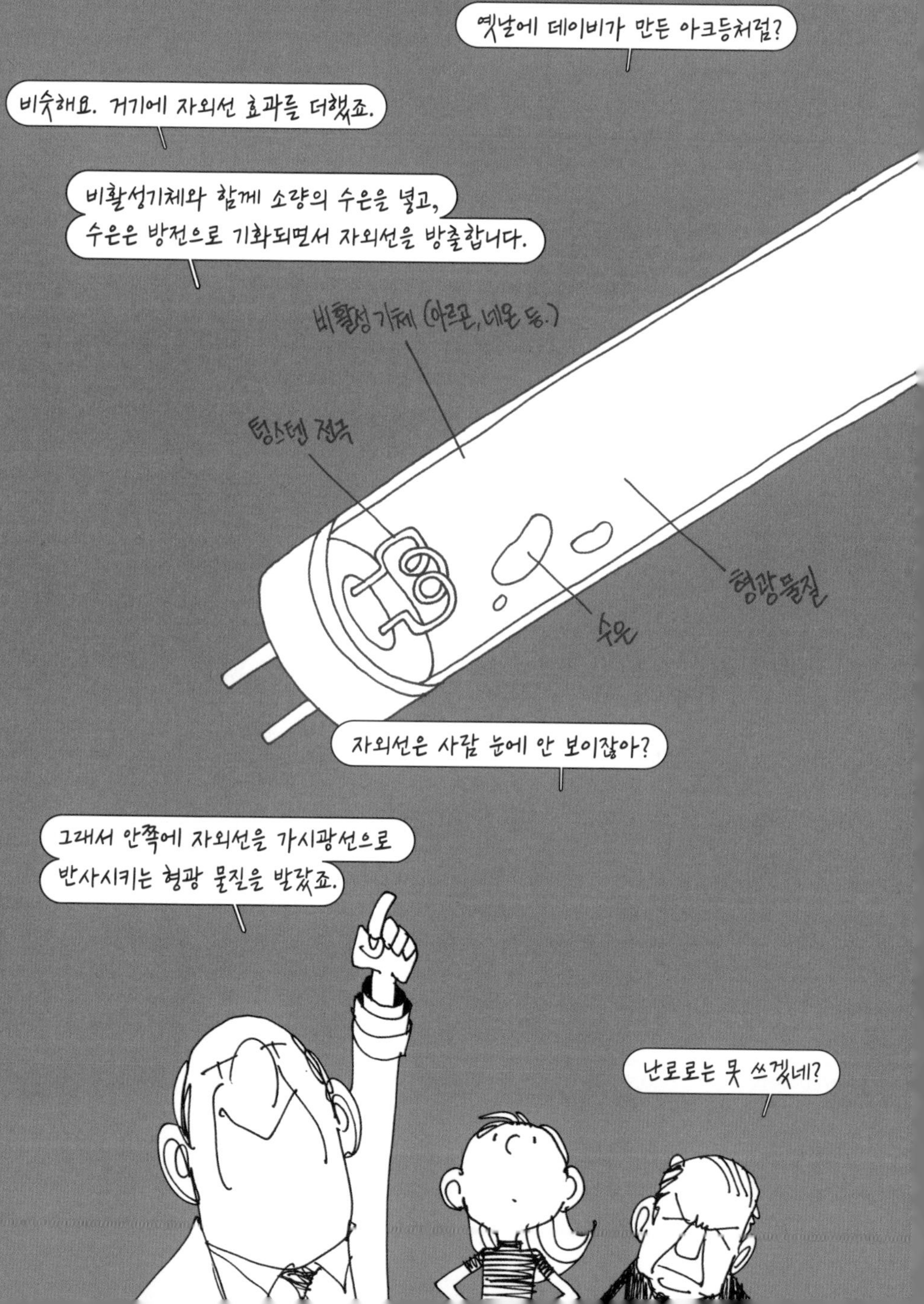
옛날에 데이비가 만든 아크등처럼?
비슷해요. 거기에 자외선 효과를 더했죠.
비활성기체와 함께 소량의 수은을 넣고,
수은은 방전으로 기화되면서 자외선을 방출합니다.
비활성 기체 (아르곤, 네온 등.)
텅스텐 전극
형광물질
수은
자외선은 사람 눈에 안 보이잖아?
그래서 안쪽에 자외선을 가시광선으로
반사시키는 형광 물질을 발랐죠.
난로로는 못 쓰겠네?

오늘날에도 과학자들과 엔지니어들은 좀 더 에너지 효율이 높은 전구를 개발하기 위해 애쓰고 있습니다.

LED가 왔습니다.

03

원자의 비밀

톰슨과 러더퍼드

Joseph John Thomson (1856~1940)
Ernest Rutherford (1871~1937)

톰슨은 영국의 물리학자로 원자보다 작은 입자인 전자를 발견해 원자의 구조를 다시 규명했다. 러더퍼드는 영국의 실험물리학자로 전파와 방사성 물질을 연구하고 방사선의 성질을 밝혔다. 실험으로 원자핵의 존재를 확인했다.

돌턴이 더 이상 쪼갤 수 없는

물질의 기본 단위를 설명하며

원자론을 주장한 지 거의 한 세기가 지날 무렵,

과학자들은 다시 숨겨진 원자의 비밀을

알아내기 위해 원자를 파헤쳤습니다.

마침내 그들은 전자를 발견하고

원자핵을 찾아냈습니다.

1897년은 전기화학과 물리학 분야에 중요한 이정표가 세워진 해입니다.

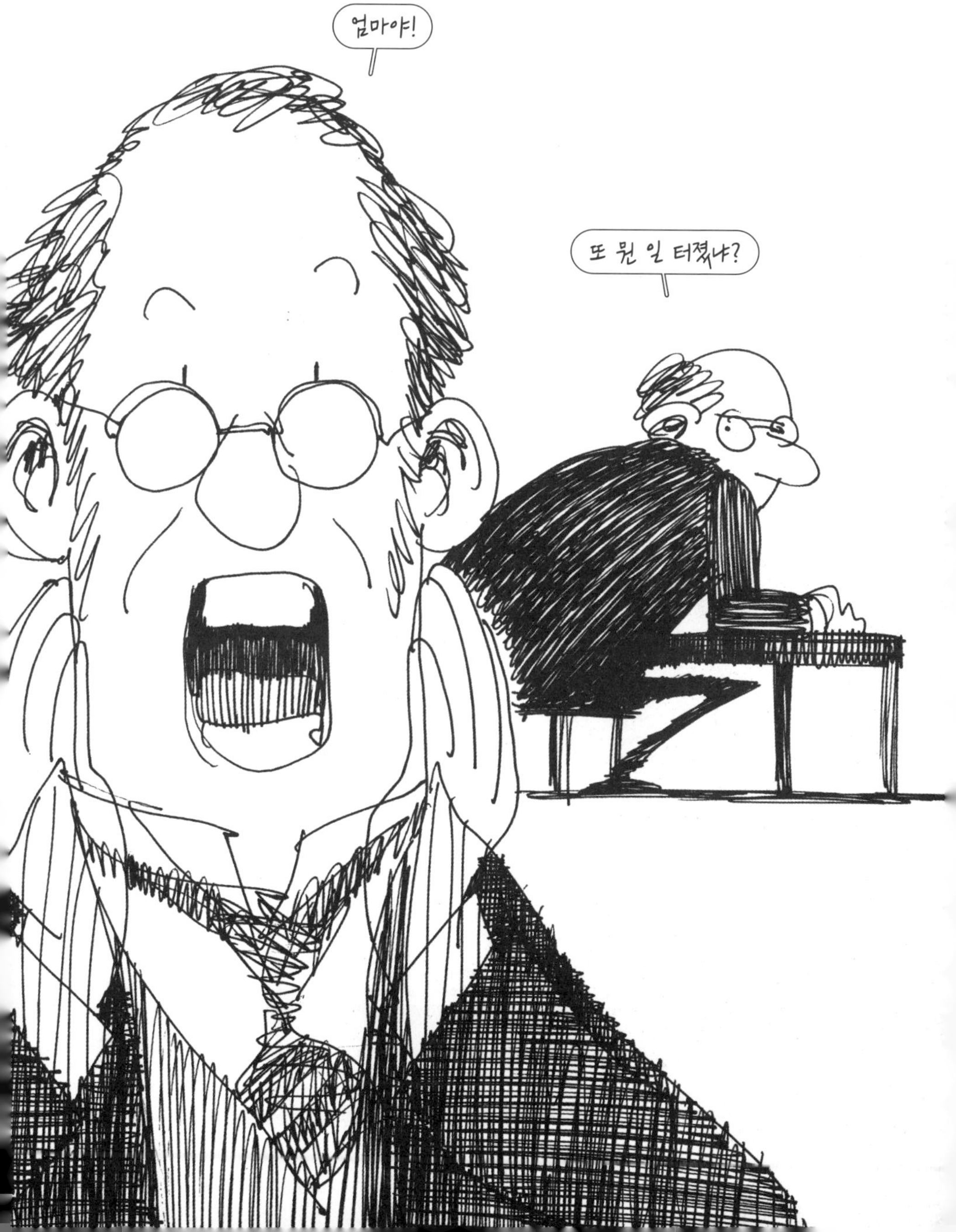
엄마야!
또 뭔 일 터졌냐?

그해에 영국의 이론물리학자 조지프 존 톰슨이 기존의 원자론을 뒤엎는 놀라운 발견을 발표했기 때문입니다.

원자가 물질의 최소 단위가 아니야.
뭐라고?
원자를 구성하는 또 다른 미립자가 있어.
돌턴 선생님의 가르침은 어쩌고?

그가 발견한 사실은 우리가 '전자(electron)'라고 부르는 미립자에 대한 실증적 증거였습니다.

수소 원자랑 질량이 비교도 안 되는 미립자다 이 말이야.
비교가 안 되면, 크다는겨? 작다는겨?
크면 그게 원자 속에 있겠니?

전자는 전기화학과 양자물리학 연구에서 빼놓을 수 없는 중요한 단서입니다.

얘 때문에 과학자들이 애먹었지.
덕도 많이 봤잖아?
electron
하긴 얘 덕에 통과한 논문이 몇 편이겠어.
셀 수도 없을걸?

우리는 흔히 전자의 최초 발견자가 톰슨이라고 알고 있습니다.

시험에 단답형 문제 나오면 그렇게 쓰는데.
무슨 근거로?
그 뭐더라, 음극선 실험 있잖아?
전자발견
톰슨

하지만 음극선 실험을 통한 전자의 발견은 톰슨 한 명에 의해 하루아침에 이루어진 업적이 아닙니다.

19세기에 많은 과학자가 음극선 실험에 매달렸지.
유리 제작업자도 매달렸대.
유행이었나 봐?
근데 음극선이 뭐야?

음극선 실험의 선두 주자는,

기체를 빼낸 유리관 속
번쩍거림이라고나 할까?
기체를 뺀 유리관이라면 진공관?
그렇지. 그 안에서 빛이 나는 거야.
어떻게?
음극에서 양극으로 뭔가가 흘러.

바로 패러데이였습니다. 진공 내에서의 전기 현상을 연구하던 그는 밀폐된 유리관 안에서 발생하는 빛을 보았습니다.

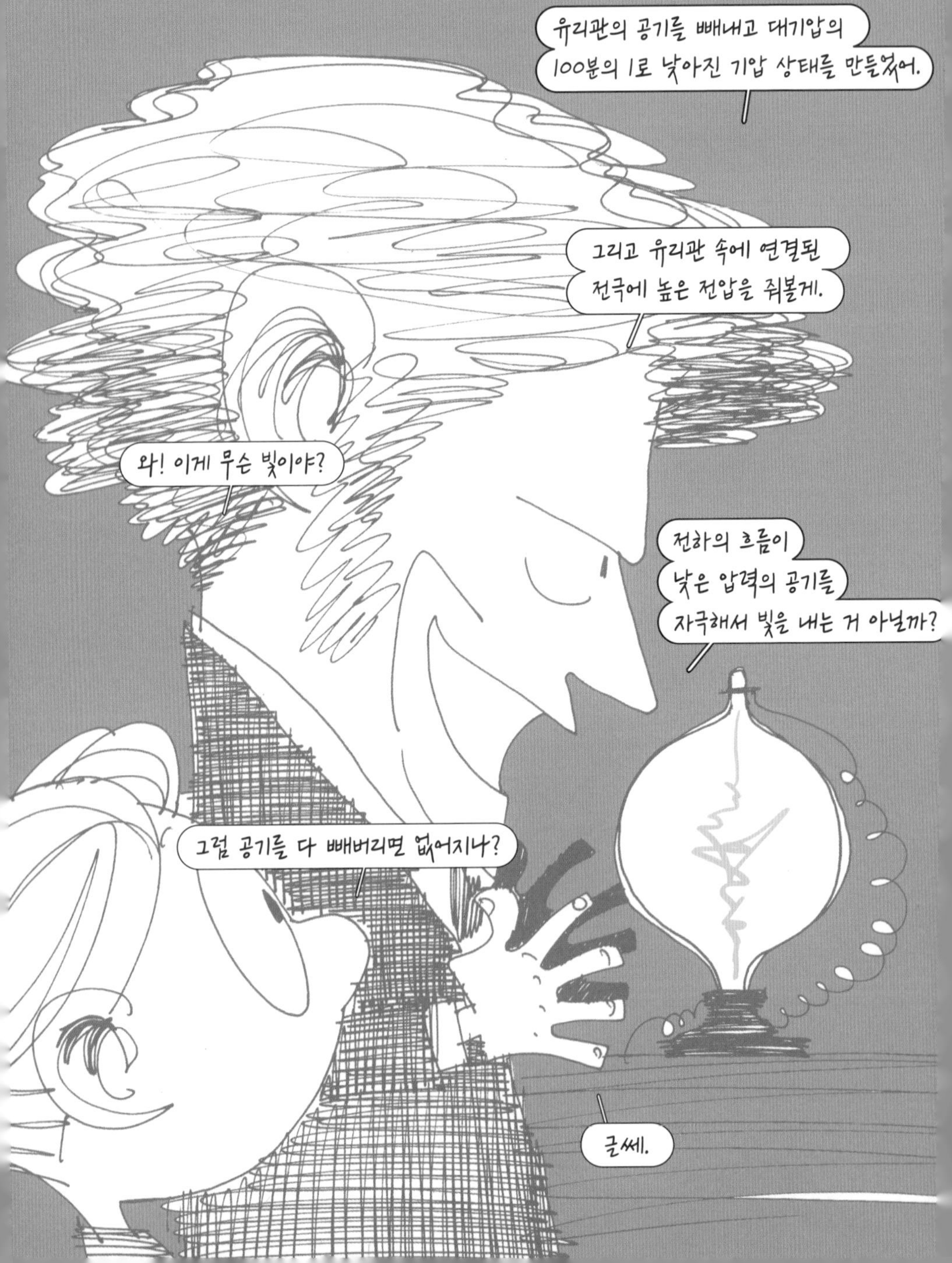

유리관의 공기를 빼내고 대기압의 100분의 1로 낮아진 기압 상태를 만들었어.
그리고 유리관 속에 연결된 전극에 높은 전압을 줘볼게.
와! 이게 무슨 빛이야?
전하의 흐름이 낮은 압력의 공기를 자극해서 빛을 내는 거 아닐까?
그럼 공기를 다 빼버리면 없어지나?
글쎄.

그 뒤로 빛의 정체를 알아내기 위한 시도가 이어졌습니다. 독일의 물리학자인 율리우스 플뤼커는 하인리히 가이슬러에게 진공방전관 제작을 의뢰했습니다.

1857년 나는 대기압의 1,000분의 1에 가까운 진공 상태를 만들었어.
Johann Heinrich Wilhelm Geißler
뭐하는 분이셔?
유리 업자여.
나는 그 가이슬러관으로 음극에서 양극으로 빛을 내며 직진하는 뭔가를 관찰했어.
누구세요?
가이슬러 친구여.
유리 업자세요?
물리학자여.
Julius Plücker

독일의 물리학자 오이겐 골트슈타인은 그 흐름에 음극선이라는 이름을 붙였고,

전극 사이에 물체를 놓았더니 반대편에
그림자가 생겼어. 직진한다는 증거지.
Eugen Goldstein

윌리엄 크룩스는 훨씬 더 개선된 진공방전관을 만들어 실험했습니다.

William Crookes
내가 만든 크룩스관이야.
어떤 점을 개선했는데?
Cathode
음극
공기를 더 뺐지. 중간에 금속 십자가도 끼우고.
Anode
양극

과학자들은 크룩스관으로 다양한 실험을 하며 음극선의 비밀을 파헤쳤습니다.

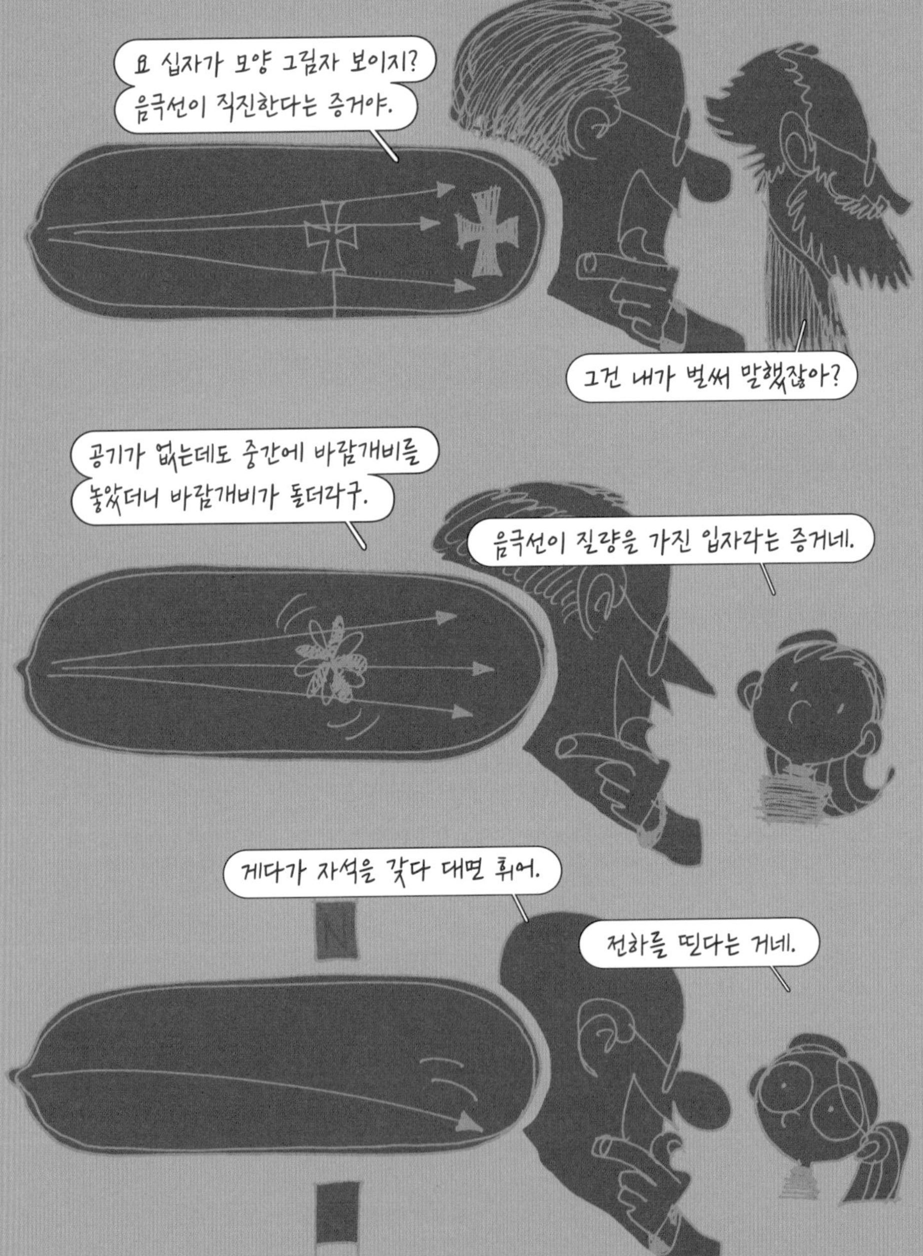

요 십자가 모양 그림자 보이지? 음극선이 직진한다는 증거야.
그건 내가 벌써 말했잖아?
공기가 없는데도 중간에 바람개비를 놓았더니 바람개비가 돌더라구.
음극선이 질량을 가진 입자라는 증거네.
게다가 자석을 갖다 대면 휘어.
전하를 띤다는 거네.

그 무렵 톰슨은 케임브리지 대학 캐번디시 연구소의 책임자였습니다.

소장이 된 지는 벌써 10년 지났지.
언제부터?
스물여덟 살.
대단하시네.

톰슨은 크룩스관을 통해 얻은 실험 결과들을 종합해 볼 때
음극선은 입자일 거라고 확신했습니다.

아니면 뭔데?
빛을 내는 전자기파의 일종이라고
주장하는 사람들도 많았어.
아! 입자냐? 파동이냐? 그게 문제였군.

톰슨은 뛰어난 직관력과 수학 실력으로 입자의 정체를 밝혀나갔습니다.

무슨 정체?
질량, 전하량 같은 거.
저울에 달 수 있어?
아님 고성능 현미경이라도 있었나?
연장 들고 재는 건 대학원생들이나 하는 거지.
위대한 과학자는 다른 걸로 계산해.
뭘로?
상상력으로.

그는 입자라고 가정한 음극선의 속도를 측정하고 질량에 대한 전하량의 비율을 계산했습니다. 당시 톰슨이 측정한 수치로는 1,000분의 1, 그 뒤 기술로 밝혀낸 것이 1,847분의 1입니다.

음극선 속도는 빛보다 훨씬 느렸어.
1,500분의 1 정도로.
전자기파가 아니라는 증거네?
딱 알아듣네.
맥스웰 편에서 배웠거든.
질량은 어느 정도인지 알아?
?
수소 원자 질량의 약 2,000분의 1.
질량 대접하기도 어려울 정도네.

톰슨이 수행한 연구의 의미는 전기 현상을 일으키는 주역인 전하의 흐름을 밝힘과 동시에 원자의 구조를 다시 규명하는 것이었습니다.

Dalton
Lavoisier
Faraday
Maxwell
돌턴 형님, 라부아지에 형님, 패러데이 형님,
맥스웰 형님··· 기다리셔.

그렇게 도달한 결론이 바로 1897년 발표한 미립자, 즉 전자의 발견입니다.

이건 원자에서 떨어져 나온 자유로운 입자야.
다시 말해 원자의 일부라는 거지.
원자를 또 쪼갤 수 있다는 말이야?
그렇지.
과학계를 뒤집을 소리군.
노벨상 맞이할 소리지.

톰슨은 예전에 돌턴이 제안했던 원자모형도 갈아치웠습니다.

이렇게 단순한 구슬 모양이 아니야.
전자가 이렇게 군데군데 박혀 있는 모양이지.
원자의 질량은 구 전체에 고루 분산되어 있고.
건포도 박힌 푸딩 같네.
어쨌든 노벨상은 챙겨야지.

그러나 제대로 된 원자모형을 만들려면 전자 말고도 또 다른 입자의 정체를 알아야 합니다.

원자는 전기적으로 중성인데
전자의 음전하에 대응하는 입자가
있어야 하지 않을까?

바통을 이어받은 사람은 어니스트 러더퍼드였습니다.

반갑습니다. 뉴질랜드 출신 영국인입니다.
톰슨 선생이 전자 발견할 때 어디 계셨어?
바로 옆에 있었죠.
캐번디시 연구소?

그가 주력한 연구 분야는 원자의 방사성 붕괴에 관한 것이었습니다.

1908년 원자 붕괴 이론으로 노벨상 받았어요.
Ernest Rutherford

알다시피 방사성 붕괴는 불안정한 원자핵이 다른 원자핵으로 바뀌면서 여러 종류의 방사선을 방출하는 현상이죠.

방금 '알다시피'라고 하셨어?
방사능은 아는데, 방사선은 뭐야?
방사선을 방출하고 붕괴하는 성질을 방사능이라고 하지요.
방사선의 종류로는 입자선인 알파선, 베타선, 중성자선과 전자기파인 감마선, 엑스선 등이 있습니다.
더 모르겠다.

우라늄처럼 원자번호가 큰 원자는 원자핵 속에 많은 수의 양성자를 가지므로 그 반발력으로 인해 불안정합니다.

우리 너무 많이 몰렸다. 좀 흩어지자.
이것저것 버릴 건 버리고 원자번호도 줄이자고.
저기서 이것저것에 해당하는 게 방사선이지요.
이제 좀 알겠다.

방사선은 프랑스의 과학자 앙리 베크렐이 발견했고,
퀴리 부부는 방사선이 방출되는 또 다른 원소들인 폴로늄과 라듐을 발견했죠.

Antoine Henri Becquerel
원자가 불변, 불가분이라는 통념이 이런 식으로 또 깨지네.
Marie
Pierre Curie

러더퍼드는 라듐이나 우라늄 같은 방사성원소가 방출하는 서로 다른 두 가지 유형의 방사선 입자를 밝혀내고 '알파입자', '베타입자'라고 이름 붙였습니다.

알파입자는 무겁고 양전하를 띠는데 투과능이 약해서 종이에도 막히지요.
STOP
α
베타입자는 빠르고 음전하를 띠는데 종이 정도는 투과하고 플라스틱에는 막혀요.
β

그리고 알파입자를 가지고 집중적으로 원자구조를 탐색하는 실험을 했습니다.

알고 보니 알파입자는 두 개의 양성자와
두 개의 중성자로 이루어진 원자핵이더라고요.

그럼 혹시 원자번호 2번 헬륨의?

맞아요. 거기서 전자가 빠졌으니까
양으로 대전된 헬륨 이온인 셈이지요.

두께가 2만 분의 1cm인 얇은 금박지를 향해 알파입자를 쏘는 실험이었는데,
발사했다고?
납으로 된 용기 속에 우라늄이나 라듐을 넣고 금박 쪽으로 입구를 열어둔 겁니다.
사격 연습 한 거야?
과연 금박지를 통과하지 않고 튕기는 알파입자가 있을지 관찰하는 실험이었죠.

맨체스터 대학에서 조수인 한스 가이거, 제자 어니스트 마스든과 함께 알파입자를 추적할 수 있는 장치도 개발했죠.

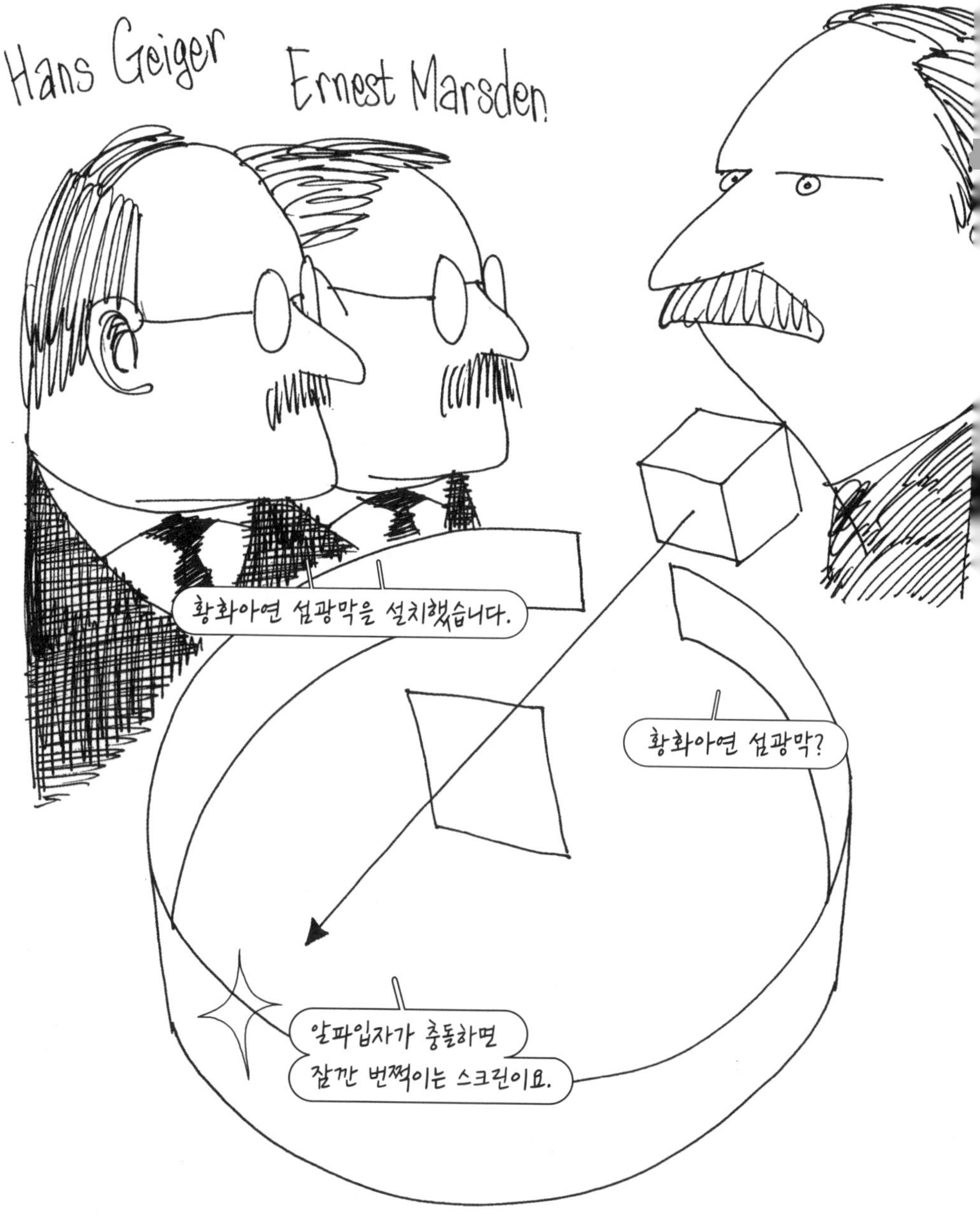
Hans Geiger
Ernest Marsden
황화아연 섬광막을 설치했습니다.
황화아연 섬광막?
알파입자가 충돌하면
잠깐 번쩍이는 스크린이요.

지루하고 끈질긴 실험과 관찰 끝에,

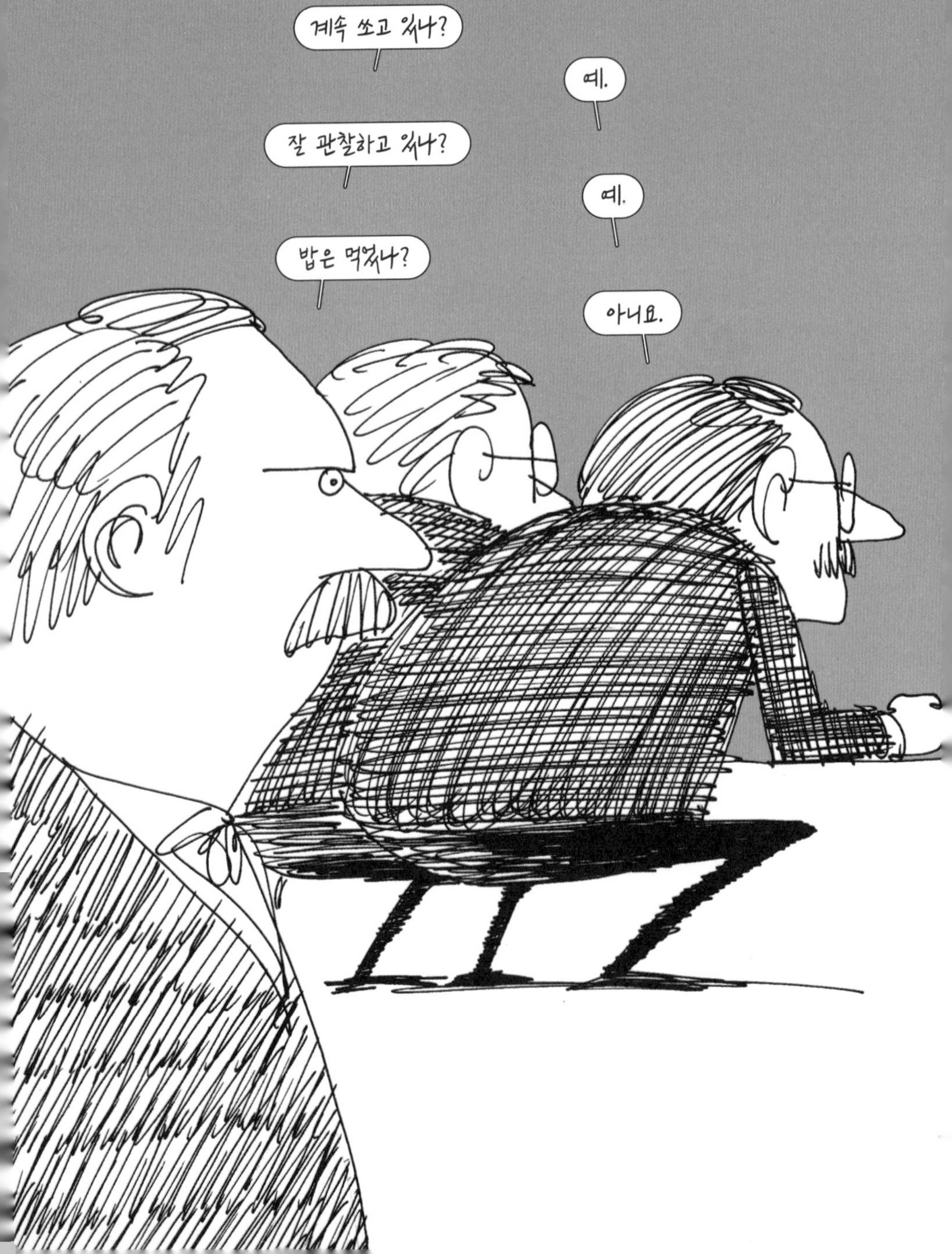
계속 쏘고 있나?
예.
잘 관찰하고 있나?
예.
밥은 먹었나?
아니요.

알파입자 8,000개 중 하나 정도는 통과하지 않고 튕겨 나오는 걸 발견했습니다.

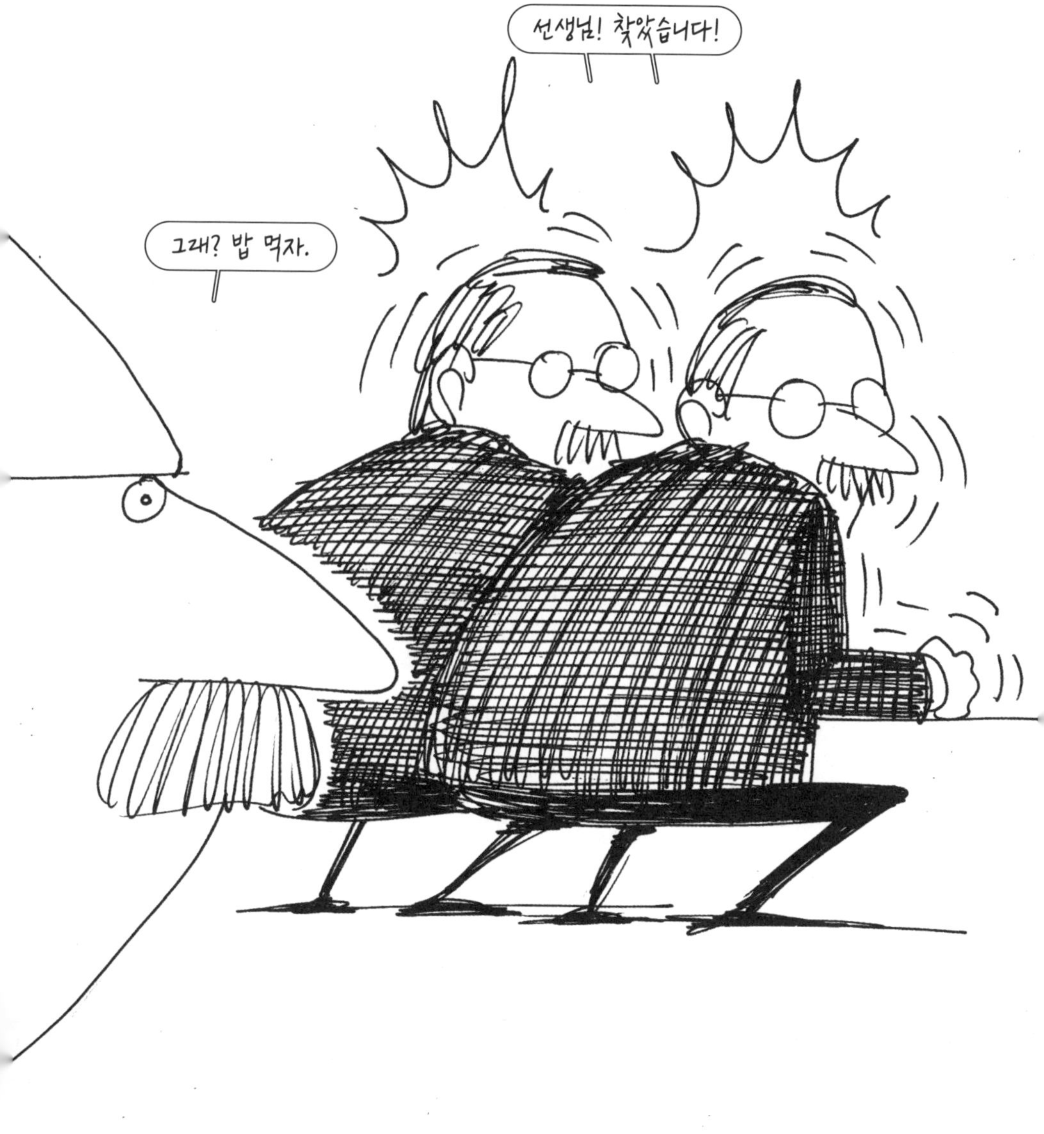
그래? 밥 먹자.
선생님! 찾았습니다!

초속 1만 6,000km로 내달리는 알파입자가 얇은 금박을 통과하지 못한 건 획기적인 사건이었습니다.

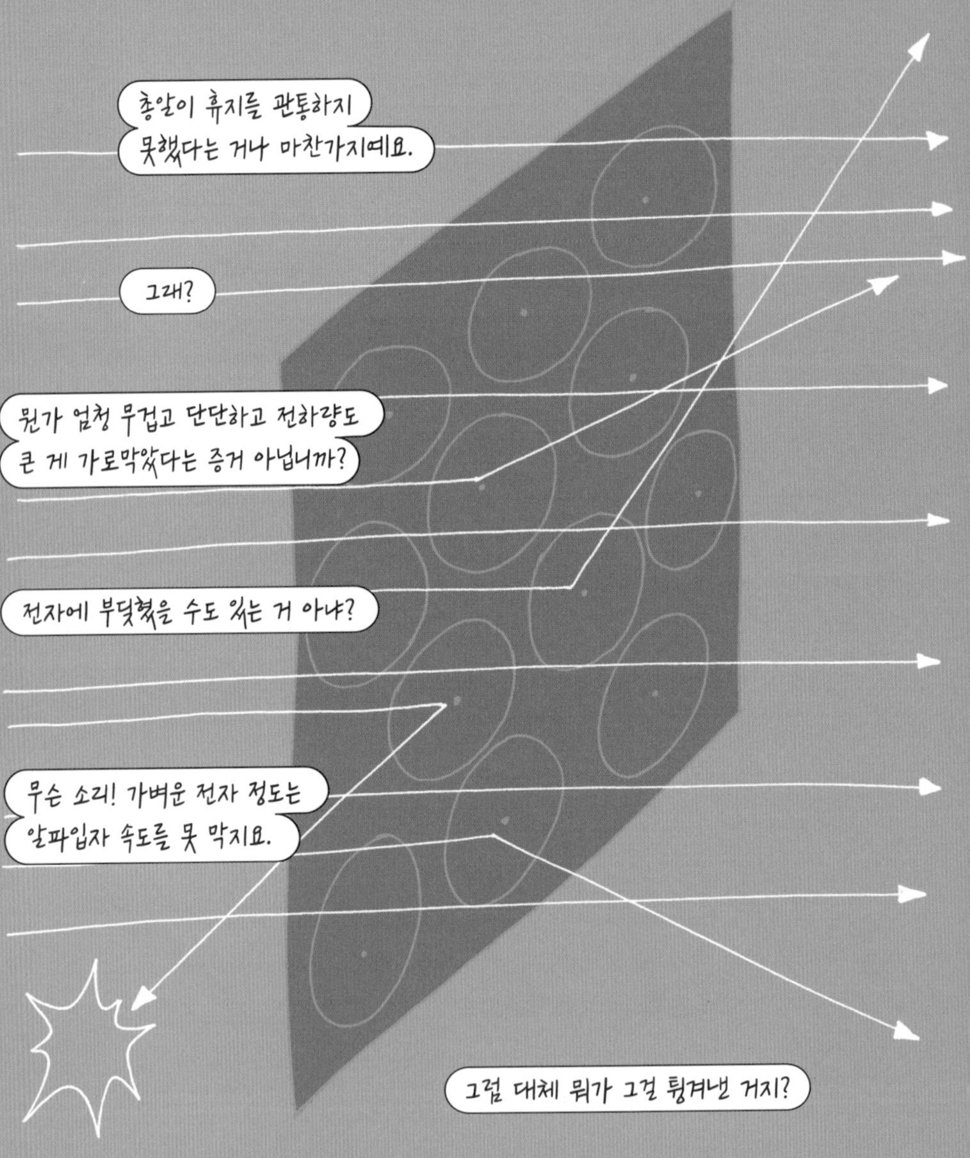
총알이 휴지를 관통하지
못했다는 거나 마찬가지예요.
그래?
뭔가 엄청 무겁고 단단하고 전하량도
큰 게 가로막았다는 증거 아닙니까?
전자에 부딪혔을 수도 있는 거 아냐?
무슨 소리! 가벼운 전자 정도는
알파입자 속도를 못 막지요.
그럼 대체 뭐가 그걸 튕겨낸 거지?

원자핵의 발견이었습니다. 러더퍼드는 실험 결과를 바탕으로 톰슨의 모형과 다른 새로운 원자모형을 제안했습니다.

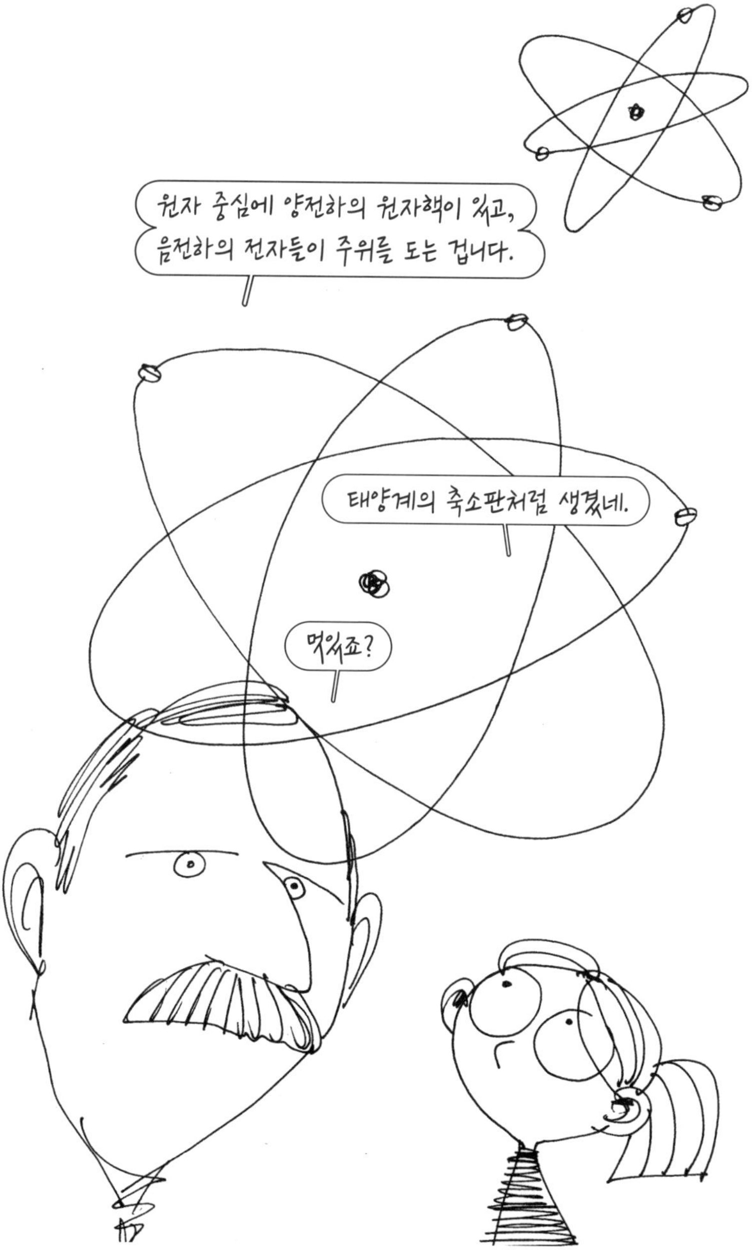
원자 중심에 양전하의 원자핵이 있고,
음전하의 전자들이 주위를 도는 겁니다.
태양계의 축소판처럼 생겼네.
멋있죠?

그가 상상한 원자의 세계는 오늘날 우리가 아는 것처럼 원자핵과 전자로 이루어진 모형이었지만 풀지 못한 비밀은 여전히 남아 있었습니다.

그런데 뭔가 아쉽네.
뭐가요?
전자가 말이지….
근데 어디서 오신 누구시죠?
덴마크에서 온 닐스 보어라고 합니다.

04

양자화된 세계로

닐스 보어

Niels Bohr (1885~1962)

덴마크의 이론물리학자. 양자물리학의 기초를 닦았다. 플랑크상수와 수소의 선스펙트럼 개념을 이용해서 러더퍼드의 모형을 개선한 새로운 원자모형을 만들었다.

덴마크 출신의 이론물리학자 닐스 보어는
러더퍼드의 원자모형이 지닌 결함을
해결하기 위해 그때까지 베일에 가려져 있던
원자 내부로 상상력의 발을 들였습니다.
그가 문을 열고 들어간 곳은 예측 불허의 시공간,
양자의 세계였습니다.

과학사를 통틀어 이토록 걸출한 인물들이 한꺼번에 등장하는 사진이 또 있을까요?

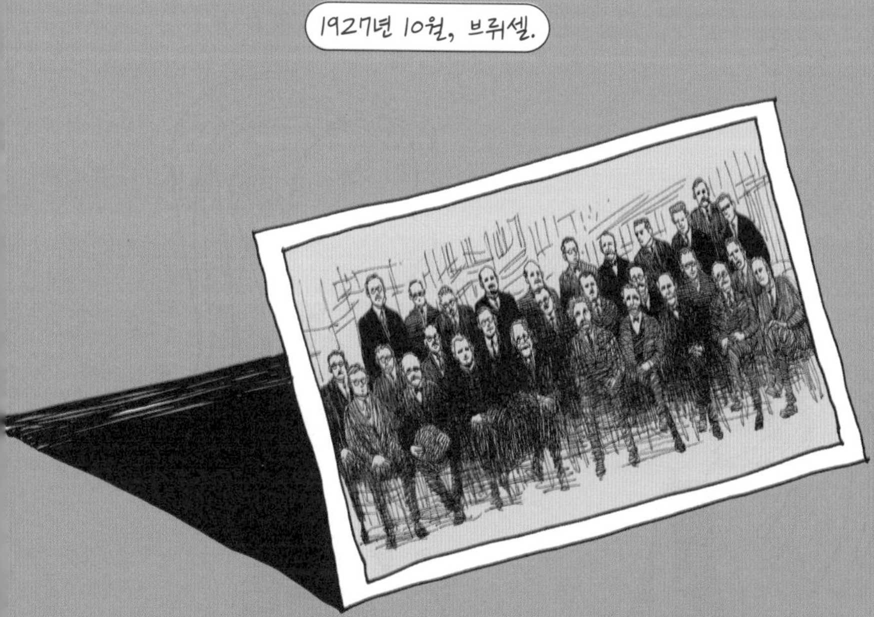
1927년 10월, 브뤼셀.

인물들의 면면을 살펴보면 말이 필요 없는 알베르트 아인슈타인과 노벨상을 두 번이나 받은 마리 퀴리도 있습니다.

이들 중 무려 17명이 노벨상을 받았어요.

전자와 광자를 주제로 열린 제5차 솔베이 회의에 초청된 물리학자들입니다.

솔베이 회의는 1911년부터 개최되어 3년에 한 번씩 열리는 세계 물리학회입니다.
벨기에의 사업가이자 화학자인 솔베이가 과학 발전을 위해 창설했죠.
1927년 5차 회의가 가장 유명해요.

세계 각지에서 모여든 거장들 중 주인공을 꼽으라면 단연 이 사람입니다.

양자역학을 정립한 코펜하겐 해석을 대표해 발표한 사람.
코펜하겐 해석을 영 못마땅해한 아인슈타인과 끈질기게 토론했어요.
그 사람이 누군데?

베일에 가려 있던 원자의 구조를 해독하고 20세기 양자역학을 견인한 덴마크의 이론물리학자 닐스 보어.

닐스 보어.
접니다.

현대물리학에 공헌한 그의 업적 대부분은 원자 안에서 벌어지는 전자의 비밀스러운 성질에 관한 연구에서 비롯되었습니다.

나의 업적
대응 원리.
상보성의 원리.
중성자 분열과 관련된 우라늄 방사성동위원소 확인.
코펜하겐 해석 주도.
아들 교육.
아들 교육?
아들도 노벨 물리학상 받았어요.

보어는 전자 발견으로 유명한 톰슨 휘하에서 연구한 적도 있고,
톰슨의 원자모형을 갱신한 러더퍼드와 함께 연구한 적도 있습니다.

자네 왜 이리로 옮겨왔어?
톰슨 샘이 워낙 바쁘셔서요.
우리도 바쁘다.
러더퍼드

자연스럽게 그는 원자모형의 변천 과정에 줄곧 관심을 가졌을 겁니다.

건포도 박힌 푸딩 모양.

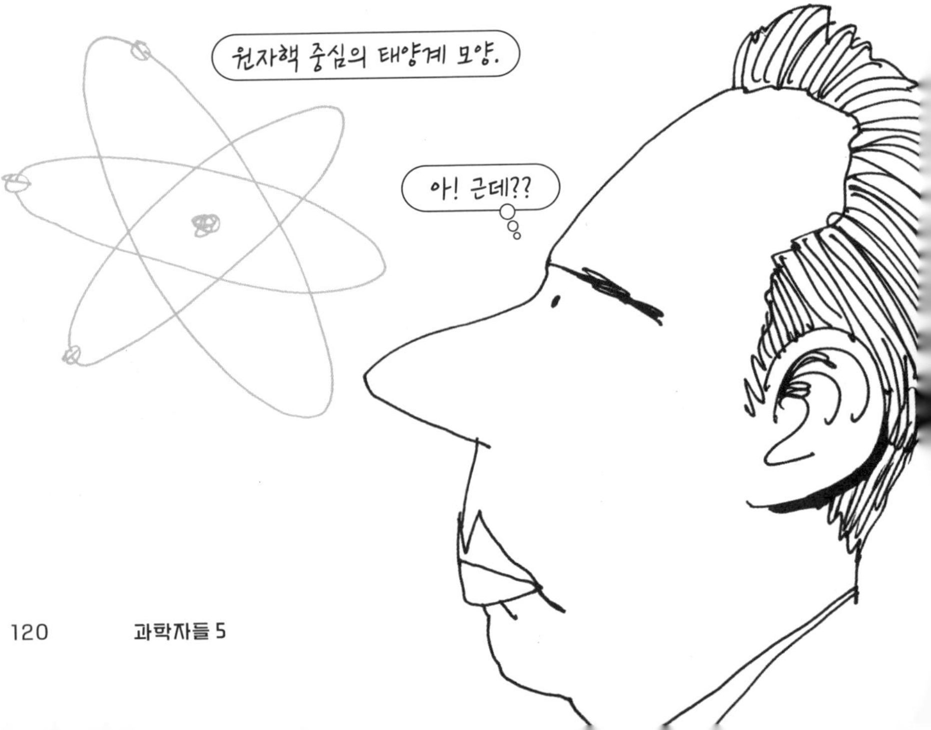
원자핵 중심의 태양계 모양.
아! 근데??

스물일곱 살이던 보어가 맨체스터 대학 연구팀에 합류했을 때, 과학계에서는 러더퍼드가 지난해 발표한 원자핵 모형에 심각한 결함이 있다고 생각했습니다.

선생님, 아무래도 이 모형에 문제가 있는 것 같다는 문제의식을 가져도 좋을지 모르겠다는 게 제 문제이긴 합니다만….
나도 안다! 알아!

러더퍼드 모형의 문제는 원자핵 주위를 도는 전자의 원운동이 불가능하다는 거였습니다.

이론적으로 말이 안 돼요.
무슨 이론?
전자기학으로 설명이 안 돼요.

맥스웰의 전자기학에 따르면 원운동처럼 가속운동하는 전자는 전자기파, 즉 빛을 방출합니다.

전자기파는 복사에너지인 빛으로 나타나겠죠?
빛
원자핵
전자
전자가 빛을 낸다? 왠지 전자다운걸?

그럴 경우 에너지 손실로 가벼워진 선자는 점점 원사핵에 끌려 결국 붙들리게 됩니다.

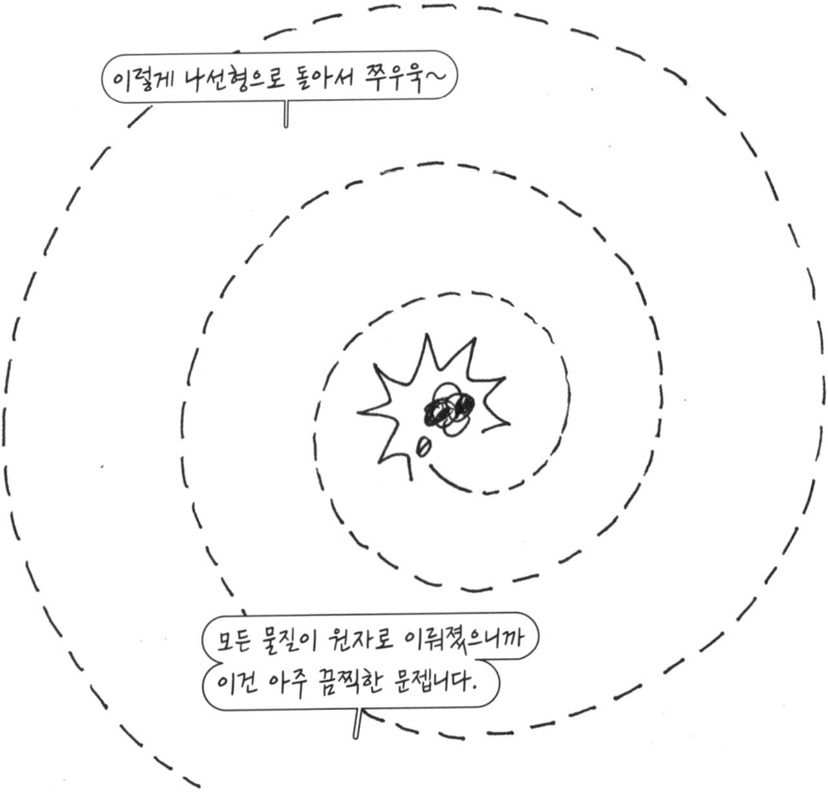
이렇게 나선형으로 돌아서 쭈우욱~
모든 물질이 원자로 이뤄졌으니까 이건 아주 끔찍한 문젭니다.

뭐가 그리 끔찍해?

러더퍼드 모형의 결함을 해결하지 못한다면,
이론적으로 세상 만물은 순식간에 쭈그러들 테니까요.
저것도.
이것도.
너도.
이론일 뿐이잖아?
원자 이론은 곧 현실이에요.

원자 하나의 크기를 축구장에 비유한다면 중심에 있는 원자핵의 부피는 작은 구슬 정도입니다.

그리고 보이지도 않을 정도로 작은 전자가 축구장 둘레를 돌고 있죠.
원자의 대부분이 비었다고?
그러니까 전자가 원자핵에 끌려 붙들린다는 건 거대한 공간의 부피가 사라진다는 뜻? 안 돼!
러더퍼드가 틀렸으니 안심하세요.

보어는 원자가 붕괴하지 않는 이유, 즉 세상이 멀쩡한 이유를 찾기로 했습니다.

선생님 가설의 문제점을 제가 해결해 버리면 혹시 선생님께서 맘 상하지 않으실까 하는 제 문젯거리를 문제로 드려도 될까요?
됐어. 난 이미 노벨상 하나 받았어.

당대의 내로라하는 물리학자들이 매달렸던 문제를 보어가 푸는 데 걸린 시간은 고작 1년이었습니다.

선생님, 결국 풀었습니다. 죄송합니다.
내 문제를 자네가 풀었다고 죄송하다는 건가?
오래 걸려서 죄송하다는 겁니다.

원자 세계의 비밀을 파헤치는 과정에서 보어에게 결정적인 힌트가 되었던 것은 두 가지였습니다.

플랑크상수.
수소의 선스펙트럼.

그가 먼저 주목한 것은 1900년 독일의 이론물리학자 막스 플랑크가 발표한 논문 내용이었습니다.

Max Karl Ernst Ludwig Plank
복사에너지가 양자화*되어 있다는 가설이었죠.
양자화는 뭐야?
빛에너지가 불연속적인 값을 가진다는 개념이에요.
뚝뚝 끊긴다는 거야?

* **양자화**
연속적으로 보이는 물리량을 기본 단위의 정수배, 즉 비연속적인 띄엄띄엄한 값으로 재해석하는 것.

당시의 다른 과학자들처럼 플랑크 역시 복사에너지 값이 불연속적인 이유는 몰랐지만,

불연속적인 이유를 몰랐다고?
빛은 전자기파라고 믿고 있는데
에너지 값은 덩어리로 나타나니까요.
그럼 빛을 덩어리라고 믿으면 되잖아?
그러기엔 용기도 증거도 부족했으니까요.

그가 만든 방정식은 **복사*** 현상과 잘 들어맞았습니다.

$$E = h\nu$$

빛 에너지 (E) 플랑크 상수 (h) 진동수 (ν)

* **복사**
물체로부터 열이나 전자기파가 사방으로 방출됨. 또는 그 열이나 전자기파.

방정식에 상수도 넣었죠. 플랑크상수라고.
이유도 모르면서 방정식부터 세워?
이론물리학자들 사이에선 흔한 일이에요.
그렇게 서두르다가 나중에 탈나면 어쩌려고?
논문 선수를 빼앗기는 것보다는 낫죠.

그의 가설은 원자모형에도 적용할 수 있었습니다.

전자가 방출하는 전자기파, 즉 복사에너지가 불연속적이라고 상상할 수 있지요.
그렇게 상상하면 뭐가 나아지는데?
전자가 연속적으로 빨려 들어가지 않아도 되니까요.
눈 깜짝할 사이에 딱 붙을 수도 있잖아?
눈 깜짝할 사이도 어차피 연속이죠.

그리고 보어는 1897년 스위스의 물리학자 요한 발머가 내놓았던 실험 결과를 보고 확신을 굳혔습니다.

방전관
슬릿
분광기
어떤 실험이었는데?
유리관 속의 수소 기체가 방전 효과로 내는 빛을 분광기로 관찰했어요.
분광기?
프리즘처럼 빛을 통과시켜 굴절률에 따라 다르게 나타나는 색깔을 보는 거죠.

발머가 수소 기체의 빛을 분광기로 관찰했을 때 본 것은 선스펙트럼이었습니다.

스펙트럼은 알죠?
빨주노초파남보?
맞아요. 그 스펙트럼은 연속적이잖아요?
선스펙트럼은?
이렇게 뚝뚝 끊어진 불연속 스펙트럼이에요.

뚜렷한 간격을 두고 떨어져 있는 네 개의 선은 각각 독립적인 복사에너지를 나타내는 증거였습니다.

빛에너지는 파장의 크기 순서로 나타나니까 진동수를 계산할 수 있죠.
그런데 복사에너지가 왜 불연속적인지는 몰랐어요.
과학자들이 의외로 이유를 모르네.

에너지의 양자화, 불연속적인 스펙트럼, 보어는 그 모든 현상의 주범이 전자라는 걸 간파했습니다.

n=4
빛에너지가 양자화되어 있는 것은 전자의 궤도가 불연속적이기 때문.
n=3
n=2
n=1
궤도가 불연속적이다?
태양계 행성 궤도와 다른 면이죠.
어떻게 다른데?
인공위성은 어느 궤도에나 올려놓을 수 있잖아요?
전자는?
파장의 정수배인 특정 궤도에서만 돌죠.

수소 원자에서 한 개의 전자는 정해진 궤도,
즉 어떤 에너지준위에나 존재할 수 있습니다.

n=4
에너지준위가 높은 궤도로 올라갈 때는 에너지를 흡수하고, 떨어질 때는 방출하죠.
궤도에 머무는 동안에는?
n=3
에너지 흡수나 방출이 없어요.
n=2
그때는 빛이 안 나겠네?
빙고!
n=1

그렇게 가설을 세우면 원자의 붕괴도 막을 수 있습니다.

안정된 궤도에서는 에너지 손실이 없으니까요.
원자핵에 안 끌리고 버틸 수 있다는 거네?

복사에너지의 양자화는 곧 전자의 불연속적인 이동이 나타낸 증거였던 거죠.

그런데 사실 전자를 설명할 때
'이동'이나 '올라간다', '떨어진다'
같은 표현은 적합하지 않아요.
왜?
그런 말은 다 연속적이니까요.
그럼 뭐라고 해?
사라짐과 동시에 나타난다?
귀신이야?
사실 전자는 귀신 같아요.

보어는 드디어 러더퍼드의 모형을 개선한 새로운 원자모형을 만들었습니다.

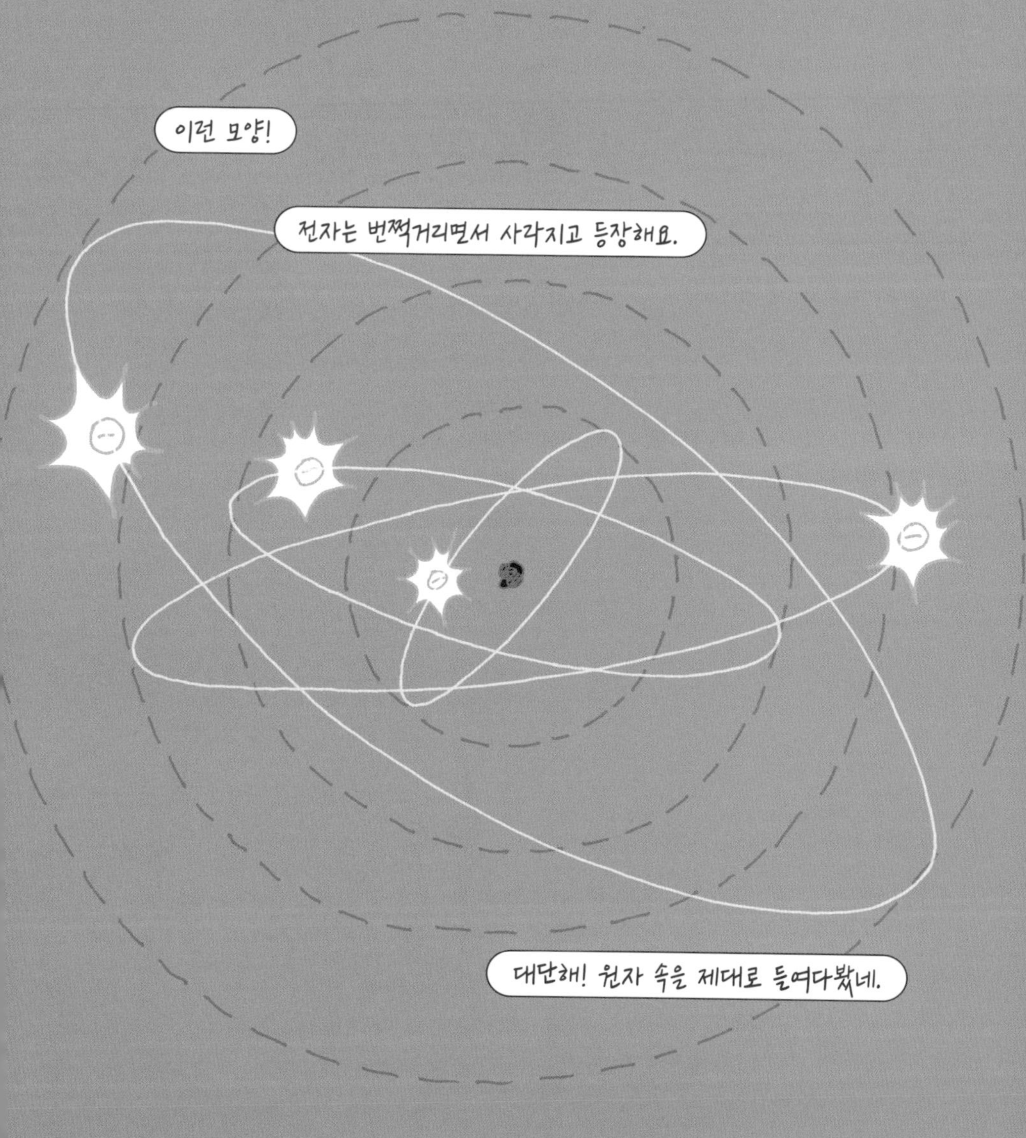
이런 모양!
전자는 번쩍거리면서 사라지고 등장해요.
대단해! 원자 속을 제대로 들여다봤네.

여전히 풀리지 않은 원자와 전자의 비밀이 많았고 이후 원자모형은 오비탈 개념이 더해져 한층 복잡해졌지만, 전자의 성질을 제대로 파악하고 양자물리학의 지평을 연 인물이 보어인 점은 분명합니다.

자, 그럼 수소 원자 말고 다른 것도 좀 보여줘.
보여줄 게 이것밖에 없는데요?

05

방사능의 두 얼굴

마리 퀴리

Marie Curie (1867~1934)

프랑스의 물리학자이자 화학자이다. 최초의 방사성원소 라듐과 폴로늄을 발견했으며, 방사능이 원자 자체의 성질이라는 것을 규명한 공로로 두 개의 노벨상을 수상했다.

암을 치료하는 방사선 요법에

최근까지 사용된 원소인

라듐의 존재를 밝히고 분리한 과학자는

최초의 여성 노벨상 수상자이자

최초로 두 개의 노벨상을 거머쥔 마리 퀴리입니다.

방사선이란 말을 들으면 왠지 무섭습니다.

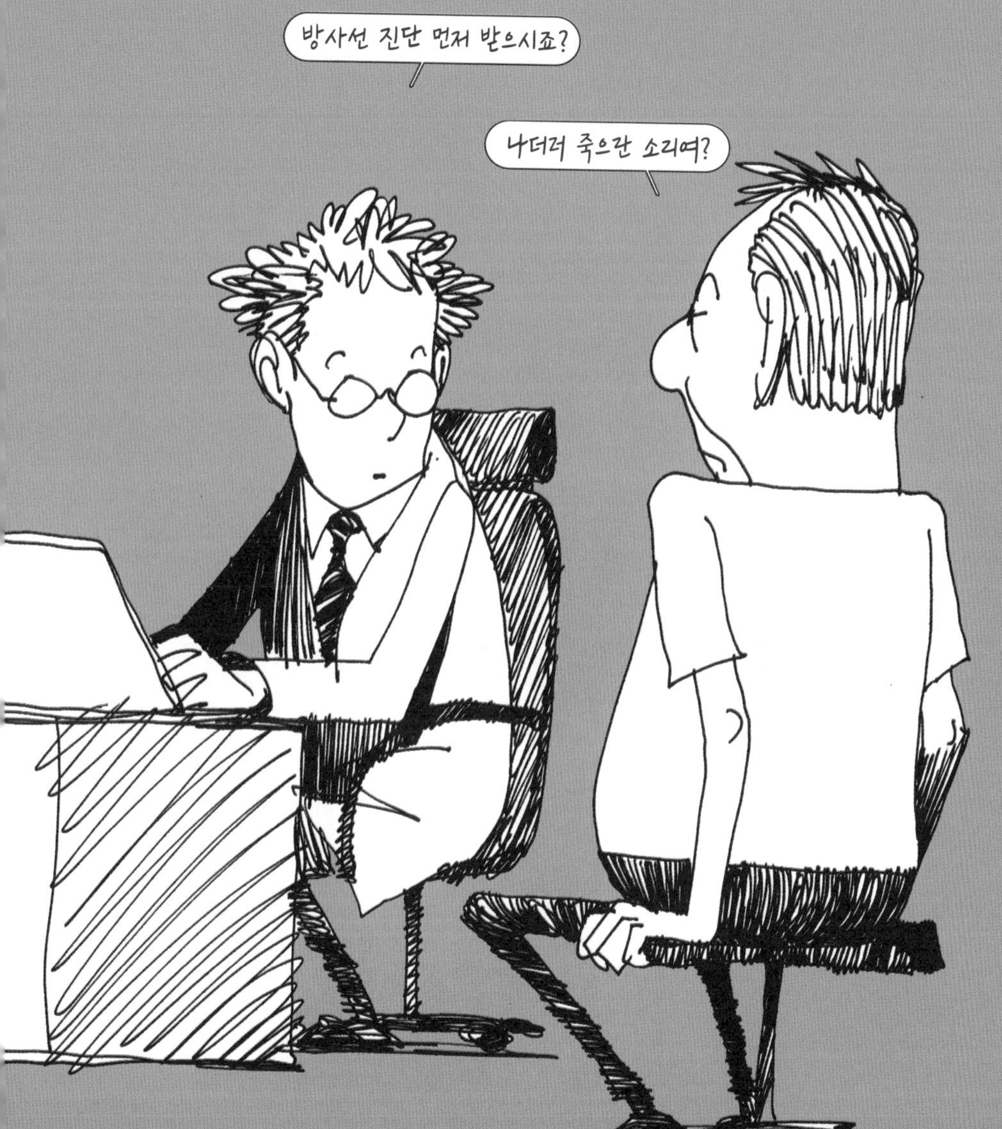
방사선 진단 먼저 받으시죠?
나더러 죽으란 소리여?

방사선은 세포나 물질의 구조를 파괴하거나 변형시킬 수 있기 때문입니다.

엑스레이 촬영한다고 안 죽습니다.
아까는 방사선이라고 했잖여?
엑스레이나 CT도 방사선 진단입니다.
방사선은 핵폭탄 터지면 나오는 거 아녀?

방사성원소의 원자핵은 불안정하기 때문에 스스로 붕괴하면서 입자나 전자기파 형태로 방사선을 방출해요.

방사성원소는 뭔데?
방사선을 방출하는 원소죠.
방사선은 뭔데?
방사성원소가 방출하는 거죠.
말장난해?

방사성원소를 이해하기 위해 원자의 구조를 들여다볼까요?

원자는 원자핵과 전자로 이루어집니다.
알아. 러더퍼드, 보어 모형.

원자 질량의 대부분은 원자핵에 집중되어 있습니다.

따져보면 몸무게는 우리 몸속 원자핵을 이루는 입자들과
지구 사이에 작용하는 중력의 결과인 셈이죠.
원자핵을 이루는? 또 나눌 수 있어?

원자핵은 양성자와 중성자로 이루어져 있습니다.

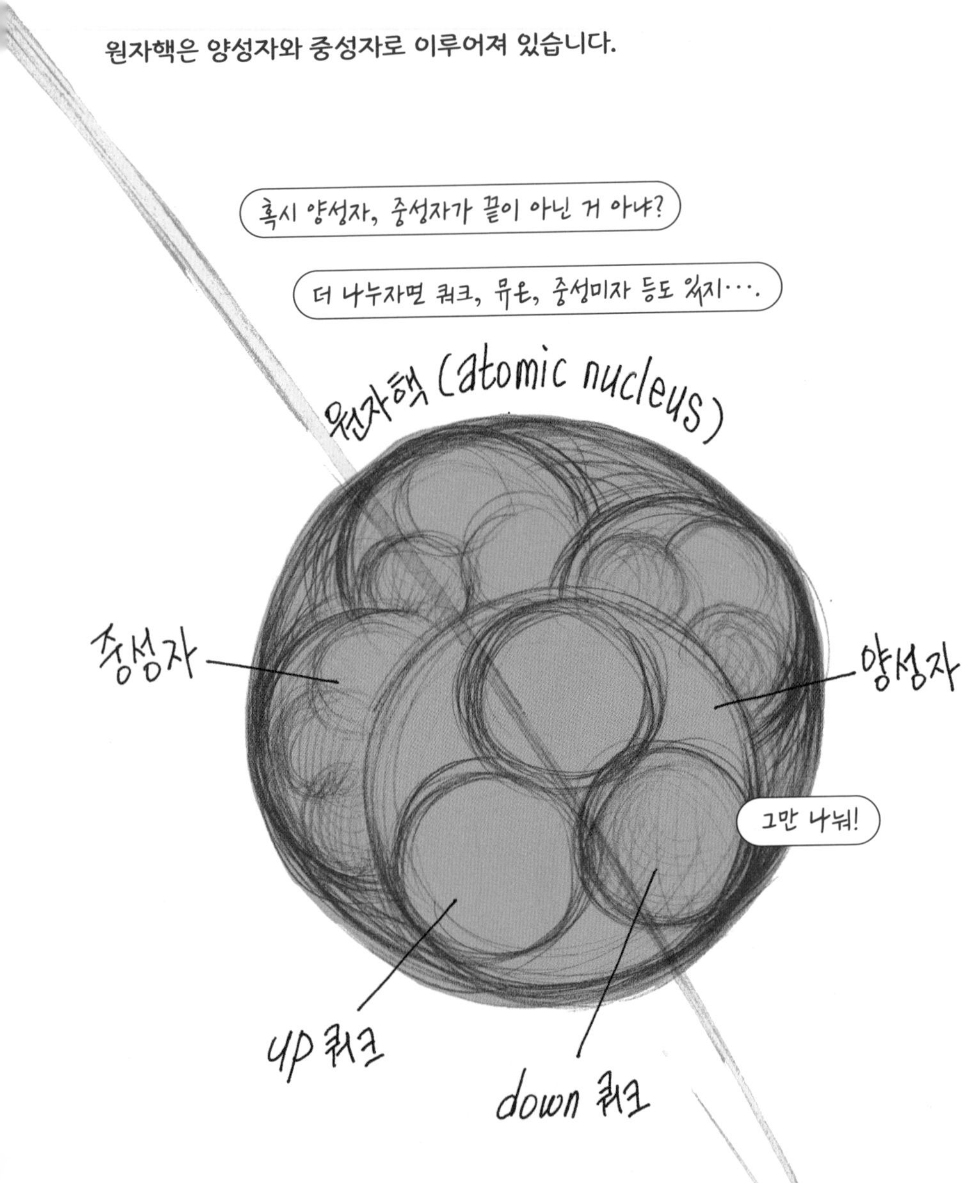

혹시 양성자, 중성자가 끝이 아닌 거 아냐?
더 나누자면 쿼크, 뮤온, 중성미자 등도 있지….
원자핵 (atomic nucleus)
중성자
양성자
그만 나눠!
up 쿼크
down 쿼크

양성자는 전기적으로 양전하를 띠고 중성자는 전하를 띠지 않습니다.

그런데 양전하끼리 어떻게 안 밀치고 뭉쳐 있어?
전자기력에 대해 좀 아시는군요?
당연하지.
그럼 '강력'도 아세요?
강한 힘이야?
맞아요.

핵의 형태를 유지시키는 힘인 강력은 '강한 핵력'(strong force)이라고도 합니다.

STRONG FORCE
붙들어 매는 힘이야? 이름은 누가 지었어?
과학자들이 지었죠.
과학자들이 의외로 단순하네.

강력은 전자기력보다 강하기 때문에 양성자들 사이의 반발력을 상쇄시킵니다.

STRONG FORCE
그 덕에 원자핵은 흩어지지 않고 뭉쳐 있는 거죠.
우격다짐이네?

그런데 원자번호가 너무 커지면 얘기가 좀 달라집니다.

그런 원자핵은 안정된 원자핵이 되기 위해 붕괴합니다.

핵 속에 너무 많은 수의 양성자를 가지게 되면
그 반발력 또한 커져 불안정해지죠.
더는 못 버티겠다.
방

그리고 원자핵이 붕괴할 때 입자선이 방출됩니다.

러더퍼드가 분류했죠? 기억나세요?
알파, 베타, 감마.
바로 그런 걸 방사선이라고 해요.

방사선을 처음 발견한 사람은 프랑스의 과학자 앙리 베크렐입니다.

1896년 인광 물질에서 나오는 빛을 실험하다가 우연히 발견했지.
Henri Becquerel
인광 물질이라 함은?
빛을 받은 뒤 그 빛을 제거해도 빛을 발하는 물질이지.

베크렐은 우라늄염 광물로 인광 현상을 실험하고 있었습니다.

검은 종이로 감싼 사진 건판* 위에
우라늄염 광석을 올려놓으면
건판이 검게 변하거든.
왜?
종이를 투과하는 빛에너지가 나오는 거지.
태웠네?
처음엔 그게 엑스선인 줄 알았어.

* **건판**
일종의 필름으로 감광제를 도포해 사용한다. 감광제는 벗어나 엑스선, 감마선, 중성자선과 같은 방사선의 작용을 받아 과학적·물리적 변화를 일으킨다.

그런데 어느 날 빛이 들지 않는 곳에 둔 광물에서 미지의 빛이 나온 증거를 감지했습니다.

그걸 서랍 속에 두었는데도 건판이 변한 거야, 글쎄.
햇빛을 받은 적이 없는데도?
그러니까 광물 자체에 에너지원이 있다는 증거지.

그가 발견한 것은 우라늄 원자핵의 붕괴에 따른 방사선이었던 거죠.

미지의 광선을 발견했다!
광선 이름은 뭐죠?
베크렐선이라고 불리지 않을까?

당시 베크렐의 연구실에 유독 돋보이는 박사 과정의 학생 한 명이 있었는데,

이건 정말 위대한 발견입니다!
자넨 나보다 더 기뻐하는 것 같네.
나중에 저한테 노벨상을 안겨줄 연구 주제니까요.

폴란드 태생의 마리 퀴리, 원래 이름은 마리아 살로메아 스크워도프스카였습니다.

자네 결혼도 하고
박사 과정 하려니 힘들지 않나?
성차별 발언 하시는 겁니까?

마리는 불굴의 여성이었습니다.

어렸을 때 집이 가난했지만 열심히 공부했어.
과학에 흥미도 있었고.
좋은 대학 갔겠네?
언니 먼저 보내느라 미뤘어.
언니?
의대 가고 싶어 안달 난 언니가 있었거든.

그녀는 언니와 약속했죠. 순서대로 서로를 뒷바라지하자고.

언니가 먼저 프랑스로 가서 의사가 돼.
넌?
내가 가정교사를 해서 언니 공부를 도울게.
그다음엔?
몰라서 물어?

약속대로 언니가 의사가 된 후 마리는 소르본 대학 자연과학부에 입학했습니다.

학생은 폴란드에서 왔다고? 잘할 수 있겠나?
지역차별 발언 하시는 겁니까?
학업은 언제까지? 박사 과정까지 할 건가?
노벨상 두 개 받을 때까지 할 겁니다.
말리지는 않겠네.

그리고 평생의 반려자인 피에르 퀴리를 만나 결혼도 했습니다.

마리, 무슨 생각해?
나쁘지 않아.
뭐가?
당신 이름.
왜?
나중에 노벨상을 퀴리라는 이름으로 받을 거니까.

1896년 베크렐의 방사선 발견을 지켜본 마리는 더욱 원대한 계획을 세웠습니다.

우라늄이 다가 아냐.
자네 무슨 생각 하나?
여기 써놨잖아요?

'베크렐선'이라는 임의의 명칭이 붙었던 방사선을 더 파고들기로 했죠.

이 선은 우라늄과 다른 원소의 화학반응으로 나오는 게 아냐.
우라늄 원자 자체에서 나오는 거지.
그리고 이 선을 방출하는 물질은 더 있을 거야.
자네 무슨 생각 하나?
베크렐선 말고 다른 이름으로
뭐가 좋은지 생각합니다.
자네를 누가 말리겠나?

마리는 토륨 또한 우라늄과 같은 선을 방출한다는 사실을 확인했습니다.

전 과감하게 이 현상에 이름을 붙이겠습니다.
뭐라고?
방사능(radioactivity)이라고 정했습니다.
그게 뭔가?
방사선(radioactive ray)을 방출하는 물질의 성질입니다.
그건 또 뭔데?
제가 새로 붙인 이름입니다.

마리는 남편 피에르와 의기투합했습니다.

여보, 부부가 함께할 수 있는 가장 보람된 일을 하자.
그게 뭘까?
방사성원소를 찾는 거.

퀴리 부부는 우라늄이 함유된 광석인 피치블렌드를 통해 끈질기게 연구했습니다.

이 광석에서 나오는 방사선 수치는 우라늄 자체의 방사선 수치보다 높아.
그렇다는 건?
우라늄 말고도 방사성원소가 더 있다는 거지.
자네들 뭐 하나?

결국 그들은 두 개의 방사성원소를 더 찾아냈습니다.

이건 내 조국의 이름을 따서 폴로늄.
84
Po
Polonium
(209)
88
Ra
Radium
(226)
이건 방사능이 높으니까 라듐.

그리고 두 원소의 순수한 샘플을 추출하기 위해 고된 노력을 기울였습니다.

무려 8t의 폐우라늄 광석에서
0.1g의 염화라듐을 얻었어.
분리, 정제 과정을 수천 번 거쳤지.

1903년 퀴리 부부는 베크렐과 함께 노벨 물리학상을 공동 수상했습니다.

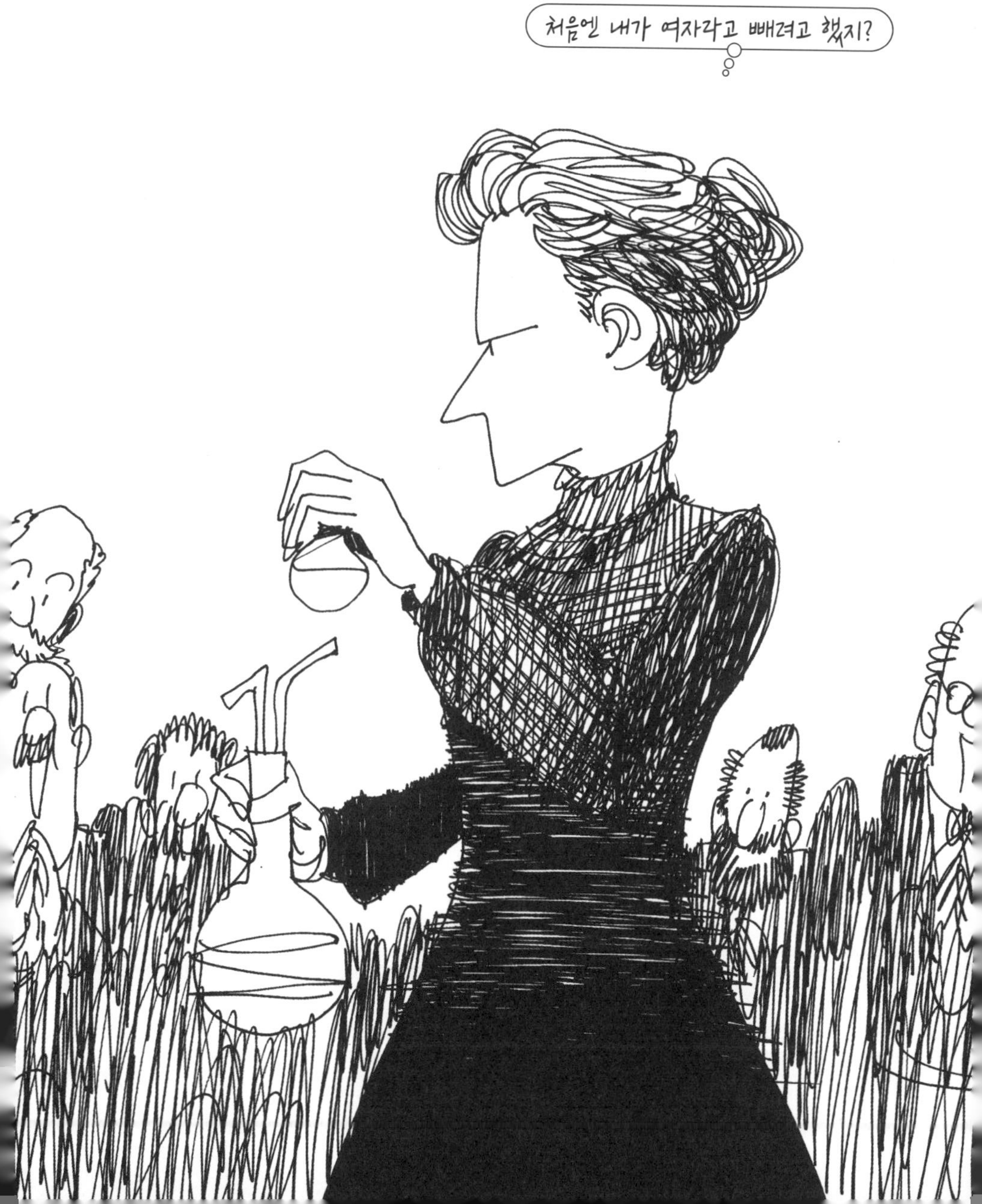
처음엔 내가 여자라고 빼려고 했지?

몇 년 후 마리는 교통사고로 남편을 떠나보내는 슬픔을 겪었습니다.

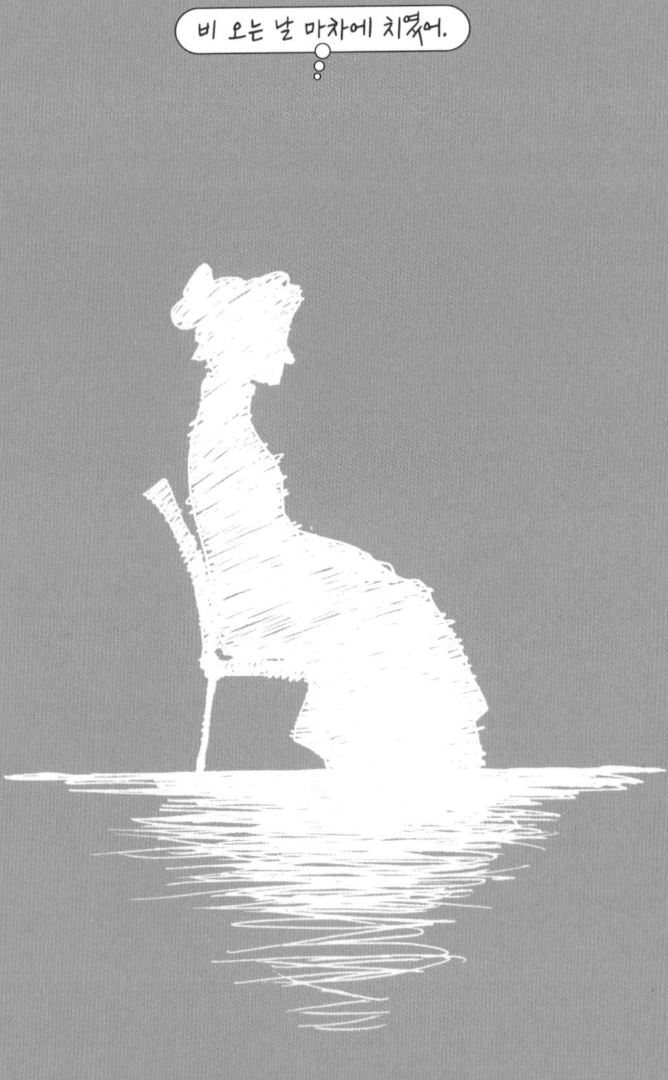
비 오는 날 마차에 치였어.

혼자 남은 마리는 연구를 거듭해 염화라듐을 전기분해 해서 순수한 금속 형태의 라듐을 분리하는 데 성공했습니다.

마리가 끝내 라듐을 분리했대.
대단한 분이다!
방사능 연구의 아이콘이 되셨어.

그녀는 1911년 노벨 화학상을 또 수상했습니다.

지금까지 한 분야에서 노벨상을 받은 분께
또 다른 분야의 노벨상을 준 적이 없습니다.
그래서?
하지만 도저히 안 드릴 수가 없습니다.

06

빛의 새로운 이름, 광양자

알베르트 아인슈타인 1

Albert Einstein (1879~1955)

미국의 이론물리학자. 빛에 대한 집요한 관심과 상상으로 광양자설, 브라운운동, 특수상대성이론, 질량과 에너지 등가 원리 등을 연구했다.

토머스 영의 이중슬릿 실험 결과로
빛이 파동인지 입자인지에 관한 논쟁이
일단락되는 듯했지만,
19세기 후반부터 과학자들은 다시
빛의 본성에 의구심을 갖기 시작했습니다.
아인슈타인은 광전 효과에 관한 사고실험으로
빛이 불연속적인 에너지를 가진
광양자라는 결론을 내렸습니다.
그의 광전 효과에 대한 연구는
막스 플랑크의 양자가설과 현대물리학을
이어주는 가교 역할을 하였습니다.

과학자들은 때로 어떤 가설이 틀렸다는 것을 증명하려고 애쓰다가 오히려 그것이 옳다는 결론에 도달하기도 합니다.

이 실험은 애초에 당신의 이론을 깨부수려고 시작한 거였어.
그래서 어떻게 됐어?
당신 이론이 더 튼튼해졌어.

전하량과 **광전 효과***에 관한 연구 업적으로 노벨 물리학상을 수상한 물리학자 로버트 밀리컨도 그런 경우입니다.

* **광전 효과**
물건의 표면에 빛을 비추면 자유전자가 튀어나오는 현상.

Robert A. Millikan
나야. 1923년 노벨상을 받았지.

그는 아인슈타인이 발표한 한 논문의 가설을 반박하기 위해
실험을 시작했습니다.

이 작자가 틀렸다는 걸 증명해서 노벨상을 받을 거다.

그런데 10년간 매달렸던 실험의 결과는 오히려 아인슈타인의 가설을 확증하는 셈이 되었죠.

어? 이자 말이 맞잖아?
그래도 노벨상은 받겠네.

그 가설은 아인슈타인이 1905년 3월에 발표한 논문의 주제였습니다.

〈빛의 발생과 변화에 관련된 발견에 도움이 되는 견해에 대하여〉

빛의 광전 효과를 통해 설명한 광양자설이지.
이 논문으로 1921년 노벨 물리학상을 받았어.
상대성이론으로 받은 게 아니고?

아인슈타인은 바로 그해에 논문 네 편을 연달아 발표했죠.

〈정지 액체 속에 떠 있는 작은 입자들의 운동에 대하여〉
브라운운동을 설명한 거야. 원자의 존재를 증명했지.
〈운동하는 물체의 전기역학에 관하여〉
이게 바로 특수상대성이론이지.
〈물체의 관성은 에너지 함량에 의존하는가〉
질량과 에너지 등가 원리, $E=mc^2$ 들어봤지?
1년 동안 이걸 모두?

낱낱의 가치를 따지면 노벨상 세 개 정도는 족히 받았을 법한 그 논문들을 한꺼번에 쏟아냈을 때 아인슈타인은 스위스 베른의 특허청 직원이었습니다.

이게 전부 한 사람이 쓴 논문이라고?
어느 대학 교수야?
교수가 아니고 공무원이라 하던데? 특허 사무소에서 도장 찍는대.
나이는?
스물대여섯 먹었대.

대학에서 물리학을 전공했지만 어느 대학이나 연구소에서도
추천을 받지 못한 채 전전긍긍하던 시절이었죠.

자넬 왜 교수가 못 된 건가?
교수님들한테 고분고분한 성격이 아니거든요. 어쩌면 유대계라는 점도 걸림돌이었을까요?
그래도 과학적 상상력과 직관은 뛰어나요. 과학을 향한 열정도 부글부글하고요.
그런데 왜 여기 취직했나?
결혼하고 애도 있는데 최소한 밥벌이는 해야 하니까요.
관심은 온통 과학이고 일은 최소한으로 하겠다는 소리네?

그 무렵 빛과 열역학을 연구하는 물리학자들에게는
풀리지 않는 난제가 있었습니다.

과학이 과학다우려면 이론과 실험 결과가 맞아떨어져야 하잖아?
그럼!
6.000k
5.000k
4.000k
3.000k
그런데 이건 방정식이 실험 결과와 일치하지 않아.

과학자들은 고전물리학 법칙에 따라 복사선, 즉 전자기파를 연구했습니다.

복사는 물체가 방출하는 전자기파를 말해.
물체의 온도에 따라 파장이 다른 전자기파가 나오지.
온도가 낮을 때는 파장이 긴 붉은색, 온도가 높으면 파장이 짧은 청보라.
그래서 촛불에서도 더 뜨거운 안쪽이 파란빛을 내지.
그럼 촛불 바깥은?
바깥쪽 온도가 더 낮아서 붉은색으로 보이지.

참고로 물체들이 저마다의 색깔을 띠는 것은 해당 물체가
특정 파장의 빛을 주로 반사하기 때문이죠.

예를 들어, 오렌지가 오렌지색으로 보이는 이유는?
가시광선 영역에서 오렌지색에 해당하는 파장의 빛을 주로 반사하기 때문.
그럼 빛을 반사하지 않고 모두 흡수하면?
그런 가상의 물질을 흑체(black body)라고 해.

19세기 말 과학자들은 흑체에 가까운 공동(空洞) 상자,
즉 빈 상자로 흑체복사 실험을 했습니다.

이게 모든 빛을 흡수하는 흑체에 가깝다고?
이 작은 구멍으로 빛이 들어가면 어지간해선 밖으로 나오기 힘들겠지?
안에서 이리저리 반사되면서 세월만 보내겠네.
그런데 나오는 빛이 있다면 그건 가장 흔한 진동수의 빛일 확률이 높겠지?
그렇겠네.
그래서 특정 온도에서 물체가 방출하는 복사선을 관찰할 수 있는 거지.

흑체복사 실험을 통해 복사선의 진동수와 빛의 세기에 관한 규칙이 발견됐죠.

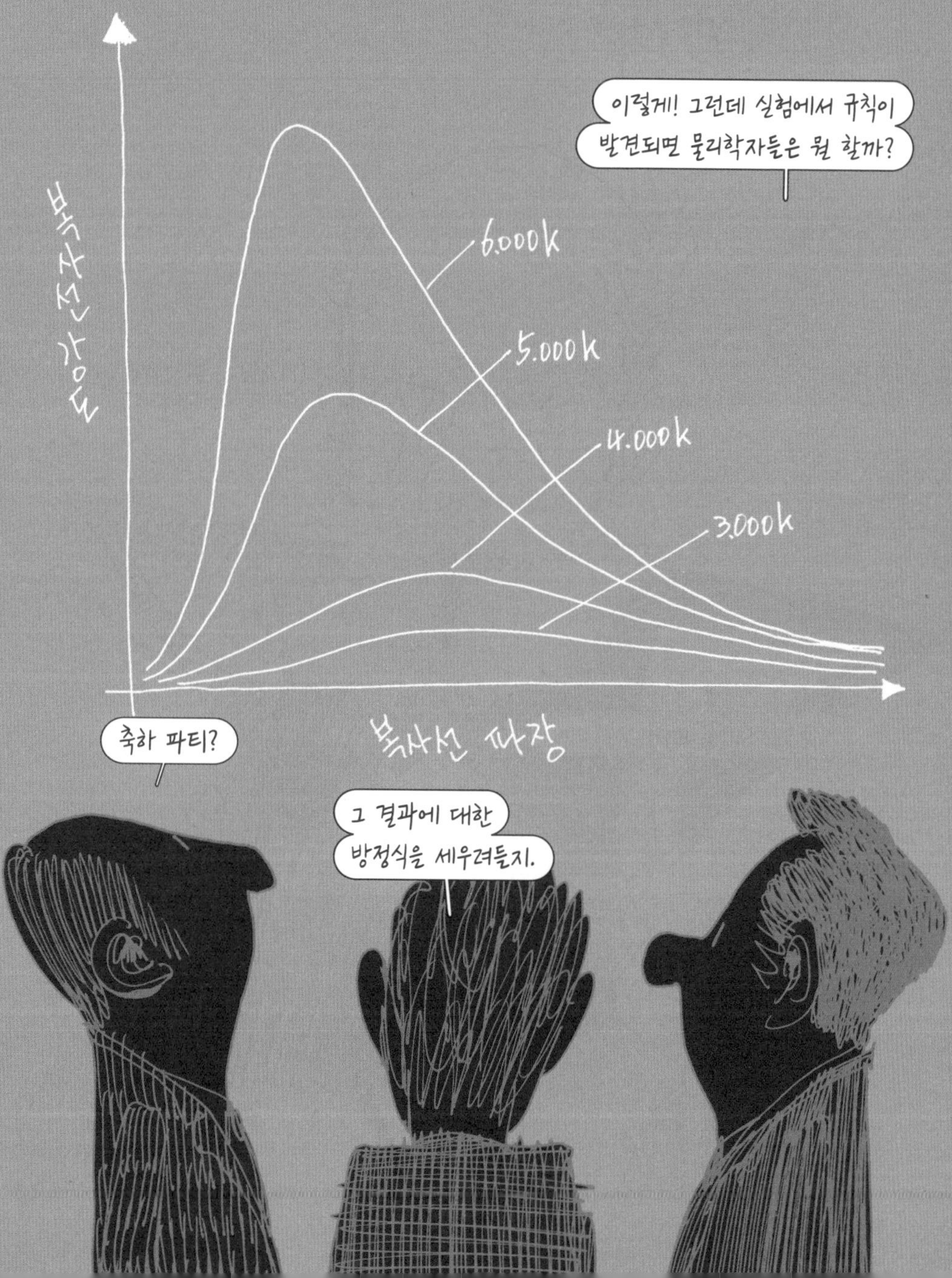
복사선 강도
6.000k
5.000k
4.000k
3.000k
복사선 파장
이렇게! 그런데 실험에서 규칙이 발견되면 물리학자들은 뭘 할까?
축하 파티?
그 결과에 대한 방정식을 세우려들지.

하지만 아무도 만족할 만한 방정식을 내놓지 못했습니다.

그런데 아무리 식을 세워도 실험 결과와 달라.
내 방정식은 짧은 파장에서만 들어맞아.
빌헬름 빈
우리 방정식은 긴 파장에서만.
당신들 수학 실력 탓 아냐?
존 레일리
제임스 진스
무슨 소리! 노벨상도 받은 몸인데.

그들은 애초부터 빛이 연속적인 파동이라는 전제하에 식을 세운 것이었죠.

James C. Mexwell
당연하지. 맥스웰 선생님께서도 빛은 전자기파라고 하셨으니까.
뉴턴의 고전역학과 맥스웰의 전자기학은 물리학의 양대 기둥인데.

그런데 독일의 이론물리학자 막스 플랑크는 문제를 풀기 위해 전제를 달리해 보았습니다.

빛의 에너지가 연속적이지 않은 별도의 파장들이라면?
Max Planck
별도의 파장이라니?
어떤 에너지 꾸러미랄까?
뭔 소리여? 파동이 덩어리란 거여?
난 그걸 양자화(quantization)라고 부를래.

1900년 그가 내놓은 새로운 식은 실험 결과와 맞아떨어졌습니다.

봐! 내 식 하나가 빈과 레일리-진스 두 개의 식을 합친 것 같잖아?
정말! 짧은 파장, 긴 파장 모두의 결과를 만족시켰네? 어떻게 한 거야?
전자기파의 에너지는 불연속적이라고 가정했어.
그건 빛이 파동이 아니라는 얘기잖아? 그 말을 믿으라고?
솔직히 나도 못 믿겠다니까.

물리학이 한 단계 도약하는 순간이었지만 정작 플랑크조차 양자(quantum)라는 개념을 탐탁지 않게 여길 정도였습니다.

내가 만든 식이지만 나도 마음에 안 들었어.
왜?
뉴턴역학에 따르면 에너지는 연속적인 물리량이어야 하거든.
그런데 내 방정식에는 불연속적인 상수가 있으니까.

플랑크를 포함한 당시의 모든 과학자는 뉴턴역학과 맥스웰의 전자기학을 거스를 엄두를 내지 못했습니다.

이 형님들을 부정하면 일이 너무 복잡해져.
처음부터 다시 시작하기 싫다고.
양자라는 이름도 맘에 안 들어.

그러나 아인슈타인은 당시 물리학을 지배하고 있던 대원칙에 얽매이지 않았습니다.

플랑크, 고민할 필요 없어. 당신 말이 맞아.
무슨 말?
빛은 연속적인 파동이 아니라 양자라는 말.
증명해 줄 수 있어?
그럼!
어떻게?
광전효과로
증명해 주겠어.

광전효과는 빛에너지, 즉 대전된 도체 표면의 전자들이 복사선의 에너지를 흡수해서 튀어나오는 원리죠.

광전 효과는 빛을 금속 표면에 쏘이면 전자가 튀어나오는 현상이야.
1887년 헤르츠가 발견했지.
이렇게 전극에 자외선을 쏘았더니 스파크가 튀면서 전류가 흐르더라고.

빛이 파동이고 에너지가 연속적이라면 어떤 빛이든 오래 비출수록 많은 전자가 방출되어야 하는데도,

더 센 빛을 더 오래, 더 많이 쏠수록 전자가 많이 방출되겠네?
문제는 그렇지 않다는 거야.
무슨 소리?

빛이 특정 진동수에 이르러야 전자가 방출된다는 사실이
당시 과학자들을 괴롭혔습니다.

쏴봐! 쏴봐! 꼼짝도 안 할 거다.
왜 얘들은 빨간 빛을 무시하는 거냐고?
우릴 심쿵하게 만드는 빛은 따로 있다니까.

아인슈타인은 광전 효과에 관해 나름의 사고실험을 했습니다.

사고실험이라면··· 머리만 써서 실험을 했다고?
이론물리학자들은 연장 안 써.

광전 효과를 낱개의 빛 입자가 전자와 충돌하는 것이라고 해석한 것이죠.

해당 금속 표면의 전자를 때려서
튀어 나가게 하는 빛 알갱이가 따로 있는 거지.
전자와 궁합이 안 맞는 빛은
아무리 비춰도 전자가 반응을 안 해.
⊖
무슨 궁합인데?
진동수가 맞아야 해.

전자가 방출되는 조건은 빛의 세기가 아니라 빛의 진동수라는 발상의 전환이었죠.

어떤 빛은 비춰도 전자가 방출되지 않는다면
그 이유가 뭐겠어?
뭔데?
그 빛 속에 전자를 자극할 만큼의
한계 진동수를 넘는 빛 알갱이가 없기 때문이지.

아인슈타인은 전자를 자극하는 진동수를 가진 빛을 광양자라고 규정했습니다.

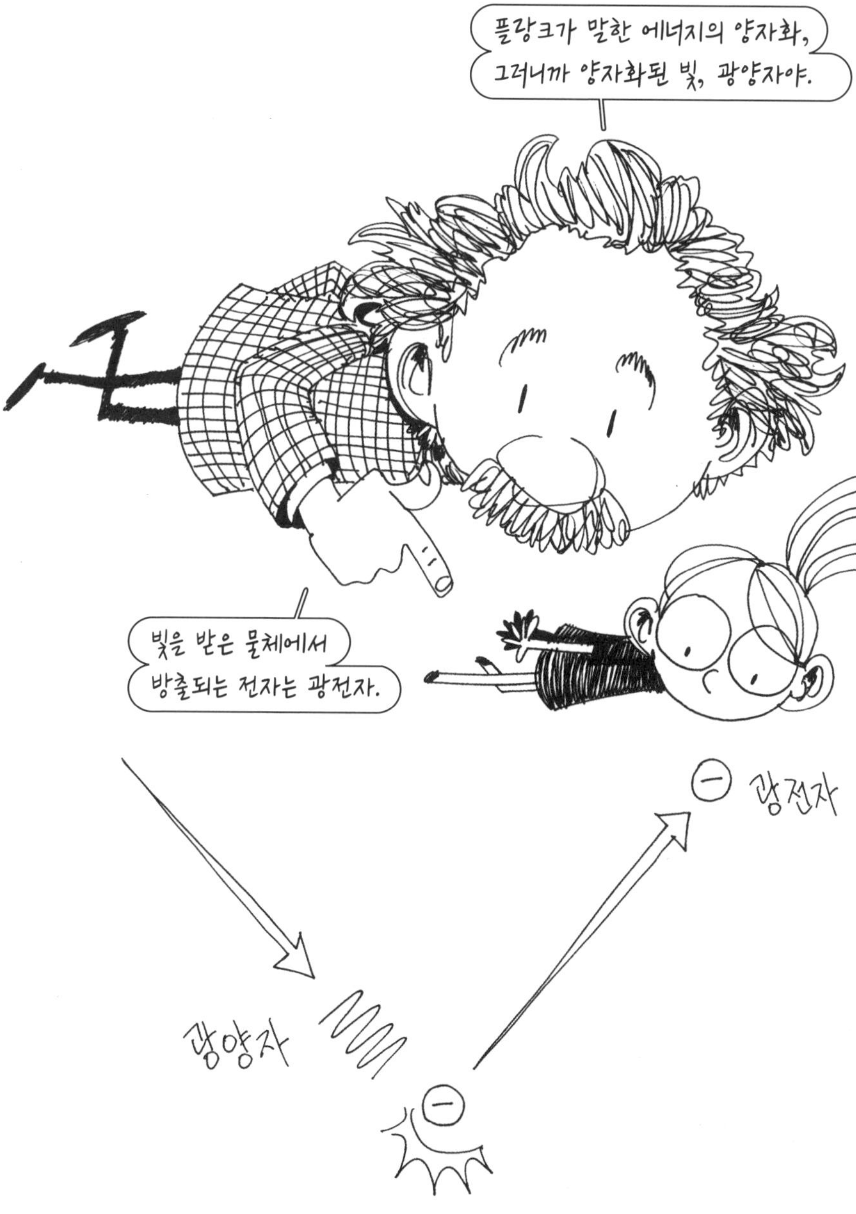
플랑크가 말한 에너지의 양자화,
그러니까 양자화된 빛, 광양자야.
빛을 받은 물체에서
방출되는 전자는 광전자.
광전자
광양자

광전자가 튀어나오는 현상인 광전 효과는 빛의 세기와 무관하며 진동수에 관계한다는 방정식은 실험 결과를 훌륭히 만족시켰습니다.

광양자가 가진 에너지는
플랑크상수와 빛의 진동수를 곱한 값이야.
내 논문 보면 아마 다들
놀라 자빠질 거다.
$E=h\nu=\frac{hc}{\lambda}$

아인슈타인의 광양자설은 논문 발표 당시에는 주류 과학자들로부터 외면당하는 분위기였습니다.

맞는 것 같긴 한데, 그래도 빛이 파동이 아니라니?
딱 떨어지는 식인데 왜 못 믿는 거야?
믿으려면 시간이 좀 필요해.
무슨 시간?
교수들이 특허청 직원에게 마음을 열 시간.

앞서 얘기한 미국의 실험물리학자 밀리컨도 아인슈타인의 견해에 맞선 사람들 중 한 명이었죠.

여러분, 저는 지난 10년간 열과 성의를 다해 실험했습니다.
그리고 그 결과를 발표하기 위해 오늘 이 자리에 섰습니다.
애썼네.
어떻게 됐어?
두근두근
특허청 직원이 옳았습니다.
와! 와!

전자기파로 해석되던 빛은 이제 광양자라는 새로운 이름을 갖게 되었습니다.

그럼 이제 확실히 파동이 아닌 거야?
아예 아닌 건 아니고.
그럼 뭐야?
입자가 아닌 건 아니라는 거?
파동이 아닌 게 아니라 입자가 아닌 게 아니라고?

아인슈타인의 빛에 대한 집요한 관심과 상상은 곧 상대성이론과 나머지 논문들로 이어졌습니다.

특수상대성이론에서 빛의 역할은 대단하지.
그리고 그 유명한 $E=mc^2$로 이어져.

07

상대성이론

알베르트 아인슈타인 2

Albert Einstein (1879~1955)

1905년은 다시 기적의 해였습니다.

1년 동안 아인슈타인이 연이어 발표한

논문 네 편은 오래전 뉴턴이 완성한

우주의 설계도를 한순간에 바꾸어 놓았습니다.

시간, 공간, 질량, 에너지, 중력 등에 관한

아인슈타인의 원대한 직관은

빛에서 시작되었습니다.

우주에는 제한속도가 있습니다.

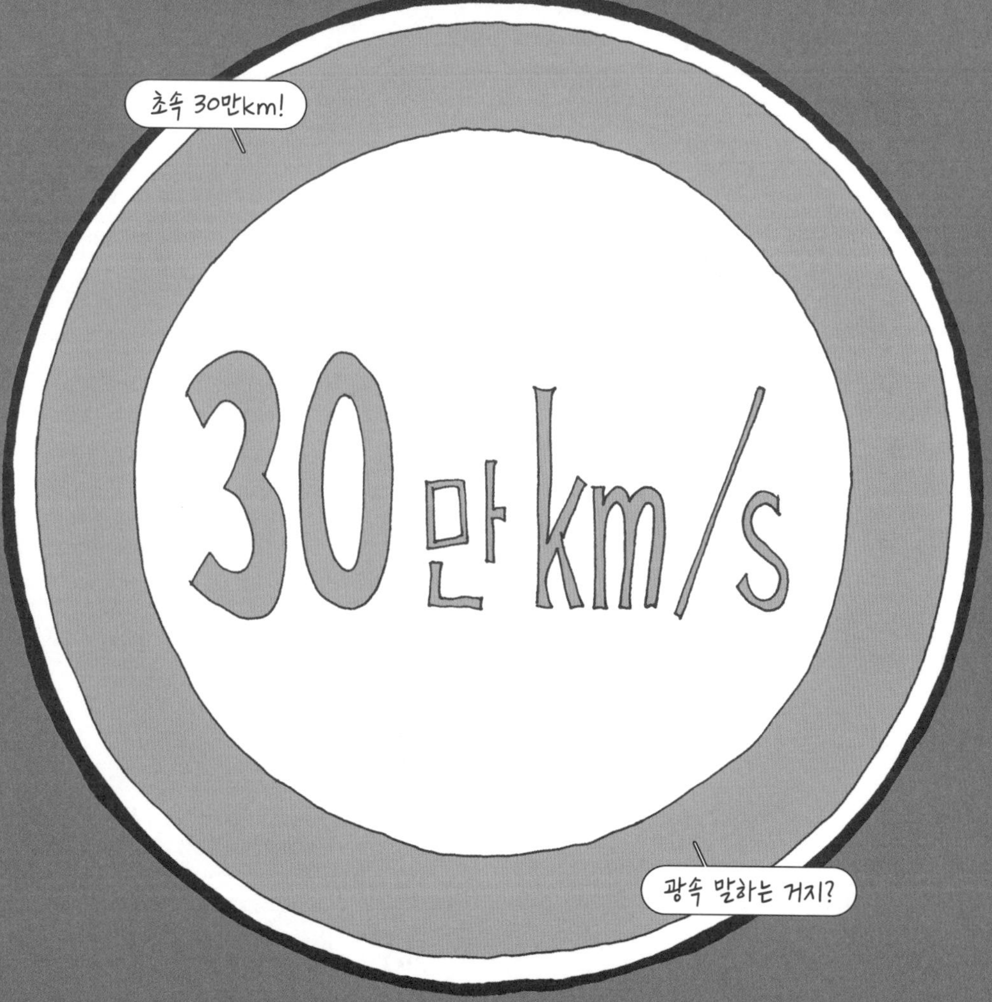

초속 30만km!
30만 km/s
광속 말하는 거지?

그렇다고 해서 속도위반 단속을 할 필요는 없습니다.
SPACE POLICE
SPACE POLICE
할 필요 없대. 철수하자.

왜냐하면 어떤 물질도 결코 빛보다 빠를 수는 없기 때문입니다.
《스타워즈》의 밀레니엄 팰콘은?
그게 뭐야?
저 아저씨 타고 다니는 거.
쟤들은 영화배우잖아?
!
!

광속 불변의 원리. 그것은 100여 년 전 아인슈타인이 발견한 위대한 이론의 골자입니다.

빛은 속도 고정이야.
1905년 특수상대성이론

19세기 과학자들은 우주의 모든 운동 현상을 설명할 수 있다는 자신감에 차 있었습니다.

우리에겐 두 가지 만능 방정식이 있다.

그들이 믿은 두 개의 물리 법칙은 뉴턴의 운동역학과 맥스웰의 전자기학이었습니다.

오늘날 이 두 가지를 고전물리학이라고 부르지.
고전이라면 한물갔다는 말?
그런 말은 아니네.

전자기학을 완성한 맥스웰은 전자기파가 빛의 속도로 진행하는 횡파라고 정의했죠.
빛의 속도는 상수야.
상수라면 변하지 않는?
그렇지.

빛이 파동이라면 매질이 필요합니다.
소리가 전달되는 것도 매질이 있기 때문이거든.
뭐라고? 안 들려.
여긴 공기가 없기 때문에 아무 소리도 안 들리는 거야.
뭐라고?

그래서 19세기 과학자들은 전자기파를 전달하는 가상의 매질을 설정할 수밖에 없었습니다.

저 먼 데 있는 별빛을 볼 수 있잖아?
분명 빛을 전달하는 매질이 있어.
아주 균질하고 정적인 매질이지.
근데 뭔지는 정확히 모르잖아?
모르니까 일단 이름부터 짓자.
'에테르' 어때?

그런데 과학자들의 자신감이 최고조에 달했을 때 문제가 발생했습니다.

어? 뉴턴의 운동역학과 맥스웰의 전자기학이 서로 모순돼.
왜?
지구가 막 돌잖아? 그것도 엄청 빨리.
그래서?
빽빽한 에테르 속을 지구가 막 달리니까.
그래서 뭐?
에테르 바람이 생기잖아?
아, 맞네!

그들은 지구 위 관찰자의 상대적 조건에 따라 빛이 도달하는
속도가 달라질 거라고 생각했죠.

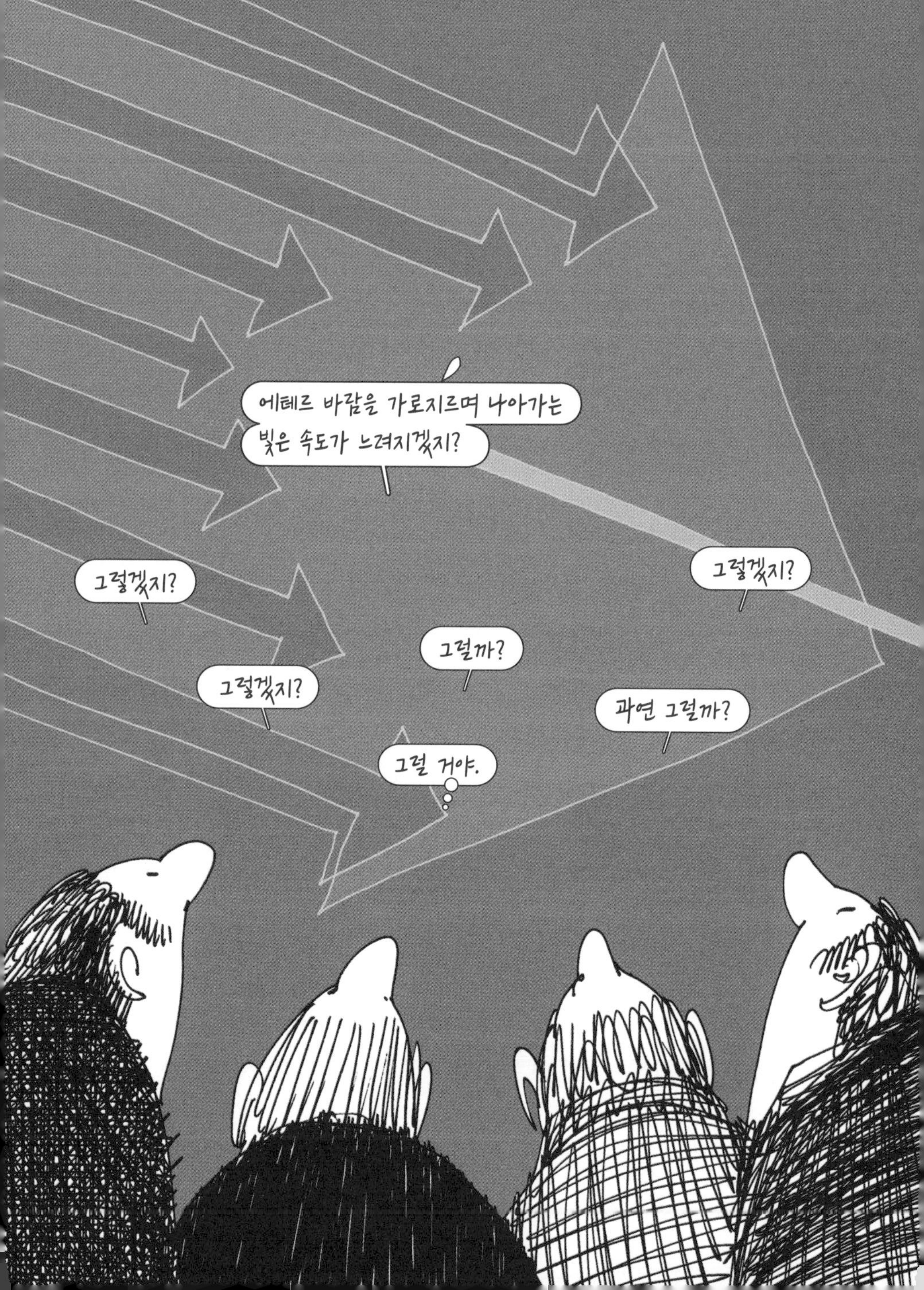
에테르 바람을 가로지르며 나아가는
빛은 속도가 느려지겠지?
그렇겠지?
그렇겠지?
그럴까?
그렇겠지?
과연 그럴까?
그럴 거야.

또 고전물리학의 상대론적 관점에 따르면 빛의 속도에 지구가 움직이는 속도를 포함시켜야 합니다.

예를 들어, 15만km/s로 진행하는 로켓에서 발사한 빛을 관찰한다고 가정해 봐.
30만 km/s
15만 km/s
빛의 속도 30만km/s에 로켓 속도를 더하면 45만km/s네.
그렇지. 근데 관찰 결과는 안 그렇거든.

그러나 빛의 속도 변화를 찾아 에테르의 존재를 증명하려 했던 미국의 과학자 앨버트 마이컬슨과 에드워드 몰리의 모든 노력은 번번이 실패했습니다.

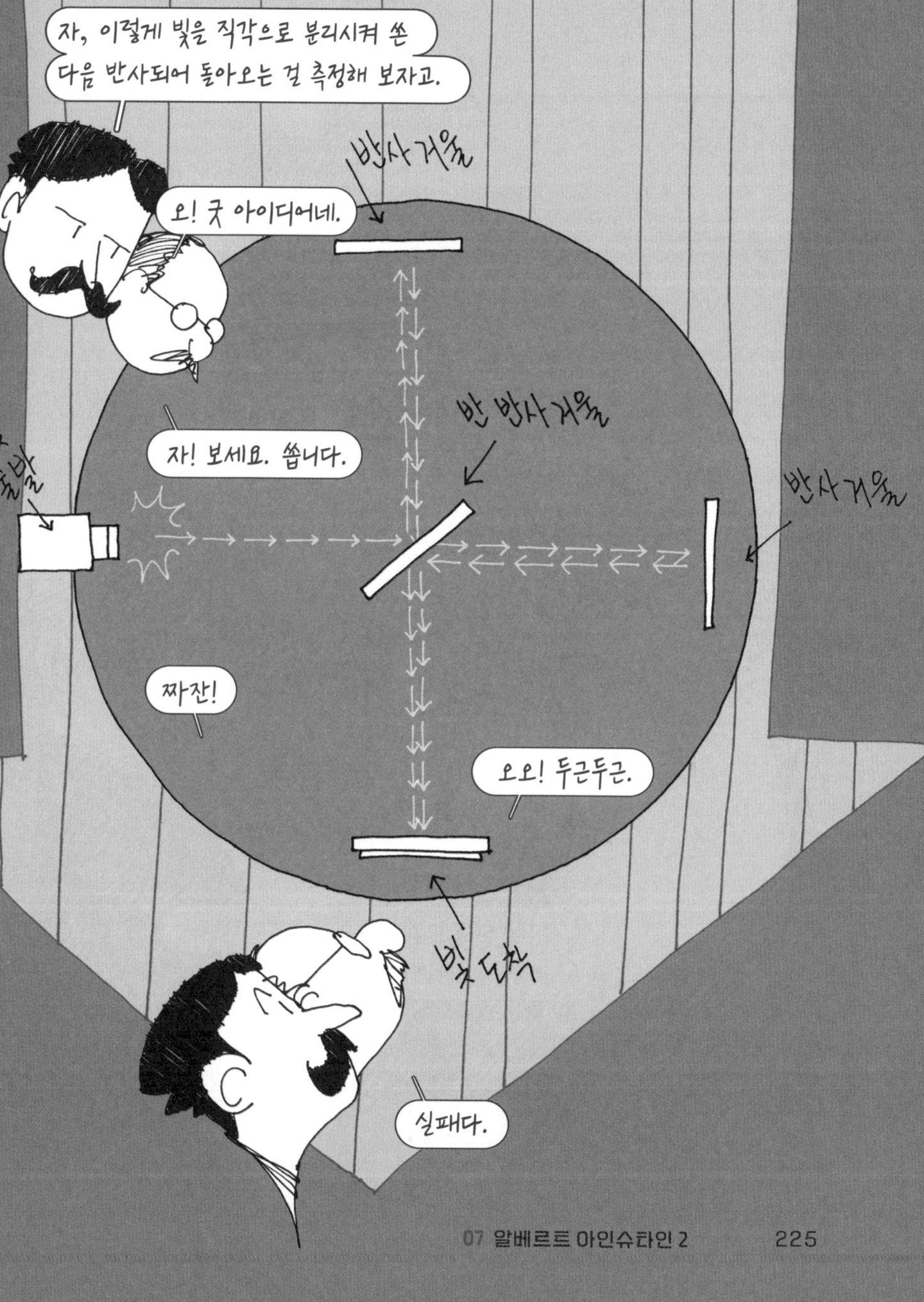
자, 이렇게 빛을 직각으로 분리시켜 쏜 다음 반사되어 돌아오는 걸 측정해 보자고.
오! 굿 아이디어네.
반사 거울
반 반사 거울
빛 쏘기
자! 보세요. 쏩니다.
반사 거울
짜잔!
오오! 두근두근.
빛 도착
실패다.

마이컬슨과 몰리의 야심찬 기획마저 수포로 돌아가자

과학자들은 그야말로 미궁에 빠진 듯했습니다.

Albert Michelson
광속이 왜 안 바뀌는 거야?
빛이 우릴 우롱하는 것 같아.
Edward Morley

그때 아인슈타인이 내놓은 것이 바로 특수상대성이론입니다.
광속은 놔두고 다른 걸 손봐야지.
누구세요?
어디서 나오셨어요?
특허청에서 나왔소.

상대성이론은 오래전 이미 갈릴레이가 얘기한 것입니다.

관성좌표계에서 물리 법칙은 동일하다는 것.
좀 쉽게 말해봐.
쉽게 말해 등속운동 할 때와
정지 상태일 때를 구분할 수 없다는 것.
그 말이 더 어렵다.

옛날 갈릴레이가 지구는 돈다고 말했을 때 사람들이 물었죠.

지구가 막 달리면 그 위에 있는 우리는 왜 휘둘리지 않는 거지?
등속운동 하는 지구와 함께 우리도 등속운동 하고 있기 때문에 가만히 있는 것처럼 느끼는 거야.

물리적으로 등속운동과 정지 상태는 둘 다 가속이 없는 상태입니다.

둘 다 속도 변화가 없는 상태,
즉 관성의 법칙이 적용되는 상태거든.
아! 그러니까 관성좌표계는
관성의 법칙이 적용되는 좌표계로군.

등속운동 하는 관성좌표계의 운동을 바깥에 정지한 관찰자가 보면 상대적으로 달리 보입니다.

가령 시속 50km로 직진하는 차에서 시속 50km로 공을 던진다면
길가에 서 있는 사람 B가 볼 때 공의 속도는?
시속 100km.
그렇지. 그럼 공이 아닌 초속 30만km의
빛을 쏠 때 B가 보면?
초속 30만km에 시속 50km를 더한 값.
틀렸어.
왜?
광속은 언제 어디서 누가 어떻게 봐도
변하지 않는 속도니까.

아인슈타인은 이 대목에서 그때까지의 고정관념을 완전히 깨트립니다.

속력이 뭐야?
시간당 이동한 거리. v=d/t.
그런데 빛의 경우는 속도는 그대로 놔둬야 해.
그럼 뭘 손봐야 돼?
V = d/t
설마 거리와 시간?

등속으로 아주 빨리 날아가는 로켓을 정지한 채로 바라보는 관찰자가 있다고 가정해 볼까요?

로켓 안에서 빛을 쏘아
천장에서 반사시키고 시간을 재보자고.
A
관찰자 B가 볼 때 로켓은 이동한 거리가 있지?
그래서 빛의 속도를 재면?
B
이동한 거리가 있으니까 속도값이 그만큼 커져.
아냐! 광속은 안 변해.
다른 게 변해야지.

아인슈타인은 대담하게 로켓 안에서 시간이 느려진다고 했습니다.

시간이 '시이이간'이 된다고?
공간에서 길이가 짧아지기도 해.

절대적 기준이었던 시간과 공간에 대한 개념을 바꿔버린 거죠.

말이 돼? 시간은 시간이고 공간은 공간인데.
시간과 공간은 변수라니까.
왜? 왜? 대체 왜?
광속(c)이 상수니까.
못 믿겠어. 믿을 수 없어.
믿게 될 거야.
C

특수상대성이론은 당시에는 여간해선 믿기 힘든 것이었지만
결국 과학적인 사실로 판명되었습니다.

물체가 빠르게 움직일수록 운동 방향으로
길이가 수축되고 시간이 느려진다고.
저 특허청 직원이 지금 뭔 소릴 하는 거야?
시간과 공간이 변한다고.
아이고, 뉴턴 형님 지하에서 벌떡 일어나시겠네.
식이 딱 떨어지는데?
식이면 다여? 식이면 다냐고?
이담에 실험으로도 증명될 거야.
그럴까 봐 이렇게 흥분하는 거야.

거기에 더해 속도가 커지면 물체의 **관성질량** 도 커진다는 것을 알아냈죠.

속도에 따른 질량 증가는 운동에너지와 비례해.
그건 또 뭔 소리야?
광속 불변에 따라 관성질량이 에너지로 변환될 수 있다고.
질량이 에너지가 된다고?

* **관성질량**
힘을 받은 물체는 운동하기 때문에 가속도가 생겨난다. 관성질량은 이 가속도에 저항하는 질량을 말한다. 힘을 구하는 공식 $F=ma$에서 F는 힘, m은 관성질량, a는 가속도다. 즉, 같은 힘이 작용할 때 관성질량이 작은 물체는 관성질량이 큰 물체에 비해 더 많이 가속된다.

질량이 곧 에너지라는 개념으로부터 그 유명한 공식이 나왔습니다.

에너지를 아무리 쏟아부어도 빛의 속도를 넘지 못하잖아?
그래서 뭐?
남는 에너지가 다 어디로 가겠어?
질량에 쌓인다고?
E=mc2
그렇지. 그래서 E=mc2인 거야.
머릿속에서 폭탄이 터지려고 하는구먼.
폭탄도 만들 수 있어.

아인슈타인의 어마어마한 직관은 거기서 멈추지 않았습니다.

일반상대성이론으로 나아가야지.
일반?
특수상대성이론은 관성좌표계에만 해당하는 법칙이거든.
아! 가속운동에까지 확장시킬 수 있게 일반화하겠다?
그렇지.

1915년에 발표한 일반상대성이론에서 그는 중력 효과와 가속 효과가 동일하다고 주장했습니다.

중력장의 영향을 받는 좌표계와
그 중력에 의한 자유낙하 상황이 등가라고.
저자는 또 누군데 이상한 소릴 하는겨?
10년 전 그 특허청 직원인데요.

그 말인즉슨,
엘리베이터를 타고 올라가기 시작할 때 발밑에 묵직한 압박감이 느껴지지?
응!
그게 가속된 엘리베이터에 탄 우리 몸의 관성 때문에 생기는 거잖아?
응!!
그건 발 아래로 질량이 엄청 큰 물체가 쓱 지나가면서 중력이 발생한 것과 마찬가지라는 뜻이야.
응???

버스를 타고 다니는 우리는 빈번하게 앞뒤좌우로 중력 체험을 한다는 겁니다.
뭐여?
죄송하지만 따져보면 제 탓이 아니에요.
그럼 누구 탓이여?
방금 뒤에 행성이 나타났다 사라졌거든요.

그런 등가 원리를 이용해 강한 중력에 의해 시공간이 왜곡된다는 것도 알아냈죠.

중력장이 커지면 시간이 느려져.
속도가 무지 빠르면 시간이 느려지는 것과 같네.
그리고 가속과 중력은 빛을 휘게 만들어.
어머나!

일반상대성이론의 영화 같은 이론들은 나중에 관찰과 계측을 통해 모두 사실로 확인되었습니다. 아인슈타인은 오랫동안 과학자들이 풀지 못했던 만유인력의 비밀스러운 정체를 밝힌 것입니다.

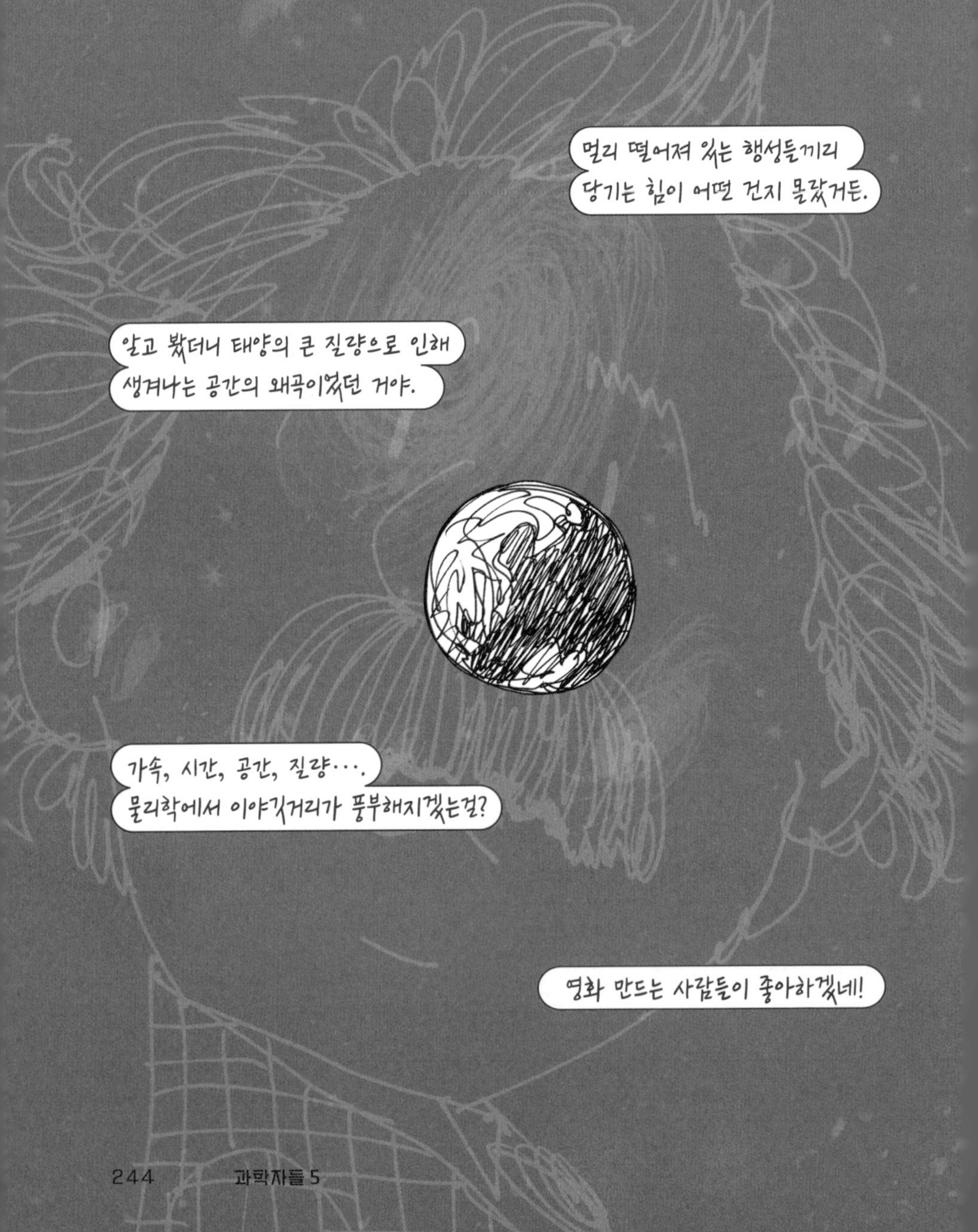
멀리 떨어져 있는 행성들끼리
당기는 힘이 어떤 건지 몰랐거든.
알고 봤더니 태양의 큰 질량으로 인해
생겨나는 공간의 왜곡이었던 거야.
가속, 시간, 공간, 질량….
물리학에서 이야깃거리가 풍부해지겠는걸?
영화 만드는 사람들이 좋아하겠네!

08

우주의 재발견

에드윈 허블

Edwin Hubble (1889~1953)

미국의 천문학자. 세페이드 변광성을 이용하여 우리가 알던 우주 크기의 인식을 변화시켰다. 우주가 팽창한다는 사실을 관찰로 확증함으로써 빅뱅이론의 토대가 되는 허블의 법칙을 발표했다.

20세기를 산 사람들 중에서 별과 우주를

가장 사랑한 이를 꼽는다면 에드윈 허블일 겁니다.

그는 우주가 끝없이 팽창한다는 비밀을 밝혔습니다.

지금도 멀어져 가는 먼 우주를 관찰하는 망원경에

그의 이름이 새겨져 있습니다.

20세기에 우주는 정체성의 혼란을 겪어야만 했습니다.

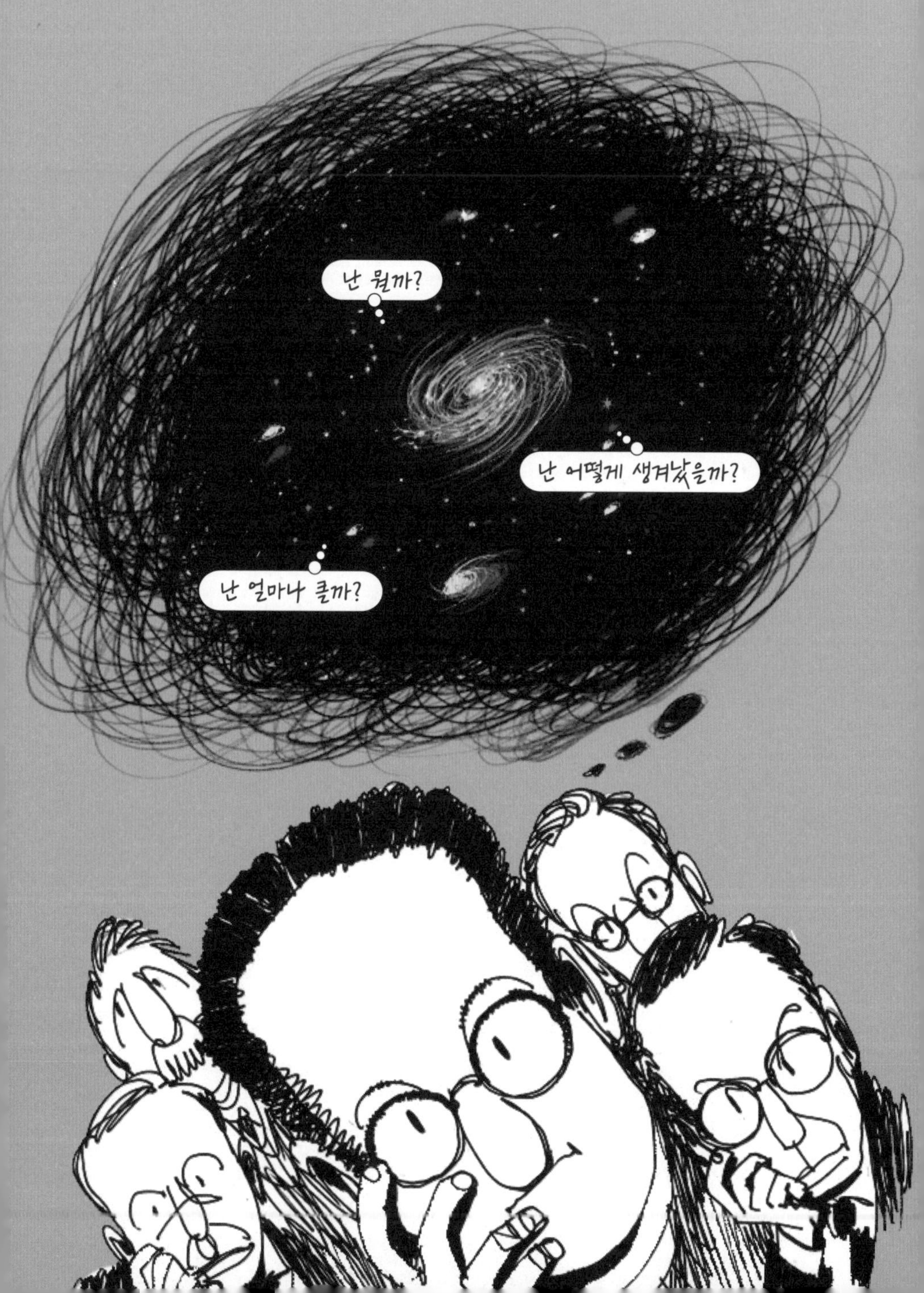
난 뭘까?
난 어떻게 생겨났을까?
난 얼마나 클까?

과학자들은 우주가 변함없는 상태를 유지하느냐, 팽창하느냐에 대해 논쟁했고,
계속 부풀고 있다!
우주가 무슨 공갈빵인가?

출생의 비밀을 놓고도 공방을 벌였습니다.

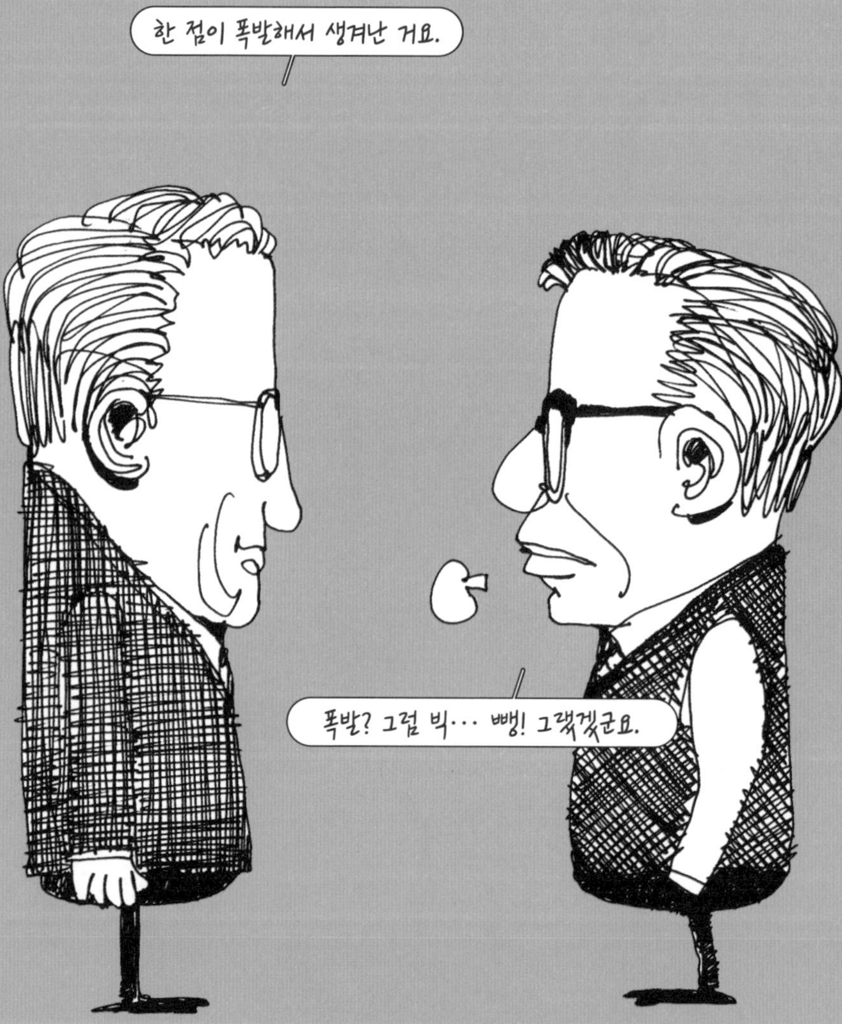
한 점이 폭발해서 생겨난 거요.
폭발? 그럼 빅··· 빵! 그랬겠군요.

나중에 '빅뱅이론'이 판정승을 거두기까지 수십 년에 걸친 논쟁에 많은 과학자가 참여하고 공헌했습니다.

그중에서도 우리에게 익숙한 이름은….

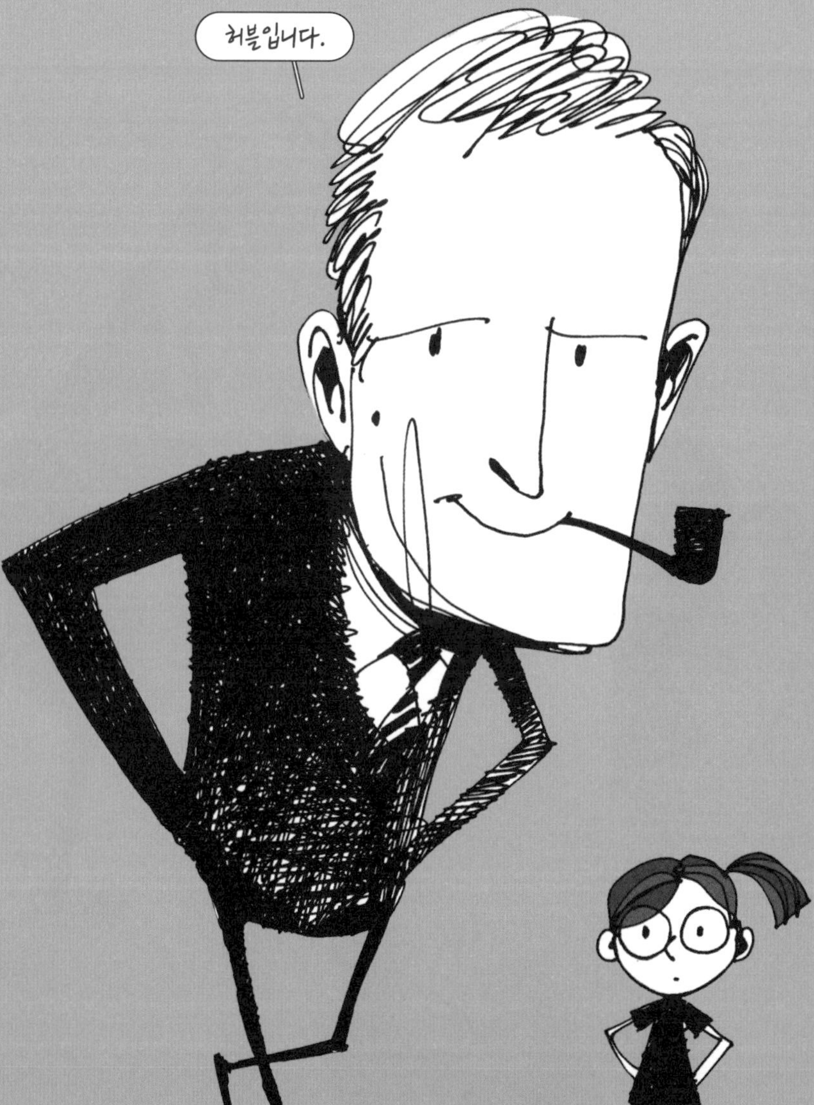
허블입니다.

우리 은하의 바깥에도 다른 은하가 있다는 사실과, 우주는 갈수록 팽창하고 별 간의 거리가 멀수록 더 빨리 멀어진다는 사실을 관찰로 확증해서 빅뱅이론의 든든한 토대를 놓았던 에드윈 허블은,

에드윈 허블, 1889~1953
혹시 망원경은 안 만드셨어요?
망원경에 내 이름을 붙인 겁니다.
허블망원경, 1994~

1889년 미국 미주리주 마시필드의 유복한 가정에서 태어나 자랐습니다.

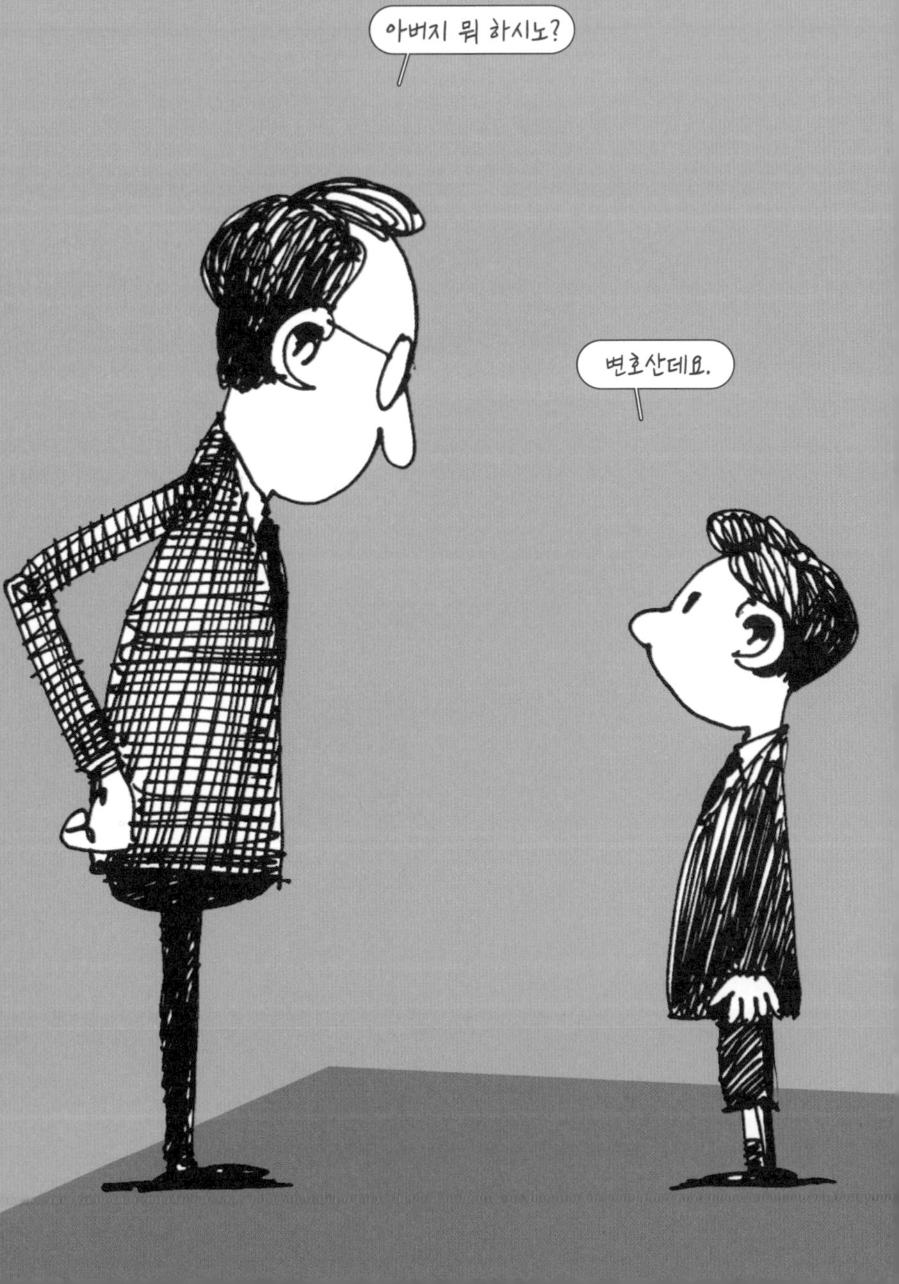
아버지 뭐 하시노?
변호산데요.

어릴 적 그는 잘생기고 키 크고 명석하고 꿈이 큰 소년이었습니다.
난 하늘과 별이 너무 좋아.
이담에 천문학을 공부할까?
위대한 우주과학자가 될 수도 있겠지?
《타임》 표지 인물이 될지도 몰라.

그는 아버지의 뜻에 따라 장학생으로 법률을 전공하고 변호사 일을 했지요.

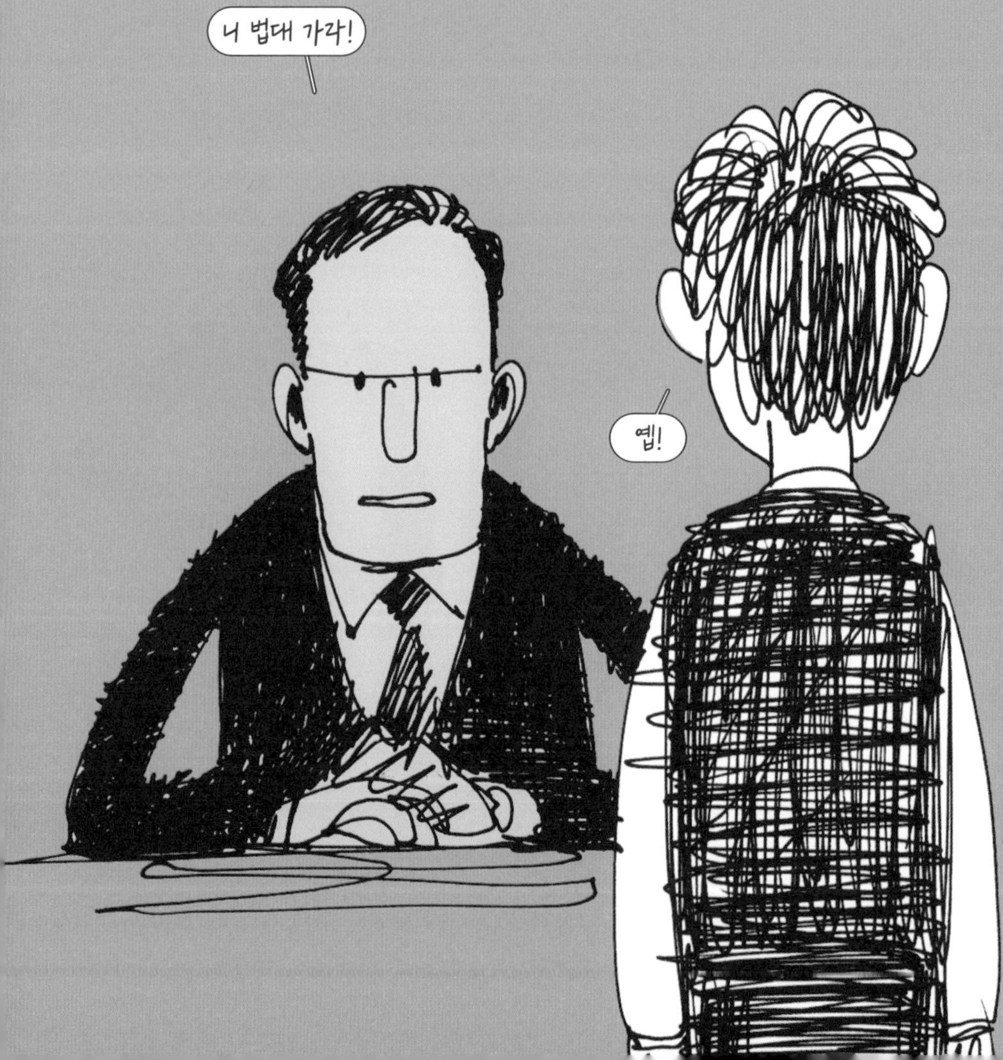
니 법대 가라!
옙!

하지만 허블은 천문학을 향한 꿈과 열정을 버릴 수 없었습니다. 스물다섯 살에 아버지를 여의고 곧바로 과학에 투신했습니다.

본 변호인은 이 코딱지만 한 법정에서 저 먼 마젤란 성운의 세페이드 변광성에 관해 이야기하고 싶습니다.
뭐라고?
이혼소송이랑 뭔 상관이여?

1914년 시카고 대학원 천문학과에 입학했으며, 제1차 세계대전으로 군 복무, 제대 후 캘리포니아주 윌슨산 천문대에서 본격적인 연구를 시작했습니다.

뭐 하다 왔나?
옥스포드 출신 변호산데요.
뭐 하러 여기에?
별 보려고요.
별 볼 일 있겠나?
전쟁 끝나면 뭐 할겨?
별 볼 거야.
별 소릴 다 하네.

당시 세계에서 가장 큰 100인치 망원경을 보유하고 있던
윌슨산 천문대는 허블에게 낙원이나 다름없었습니다.

저 별은 나의 별~ 저 별도 나의 별~
에드윈, 밥 안 먹어?
안 먹어도 배 부르다!

그곳에서 그는 사랑에 빠졌습니다.
안드로메다와….

멀고 먼 별과의 사랑, 하지만 짝사랑만은 아니었습니다.

안드로메다는 허블의 정성에 선물로 화답했습니다.

나만 그렇게 바라보니까 부담스러워서
뭐라도 한 가지 가르쳐주고 싶네요.
뭔데?
우주의 크기에 관한 실마리예요.
오!

당시까지 과학계의 지배적인 생각은

우주의 크기는 우리 은하가 전부일 거라는 것과,

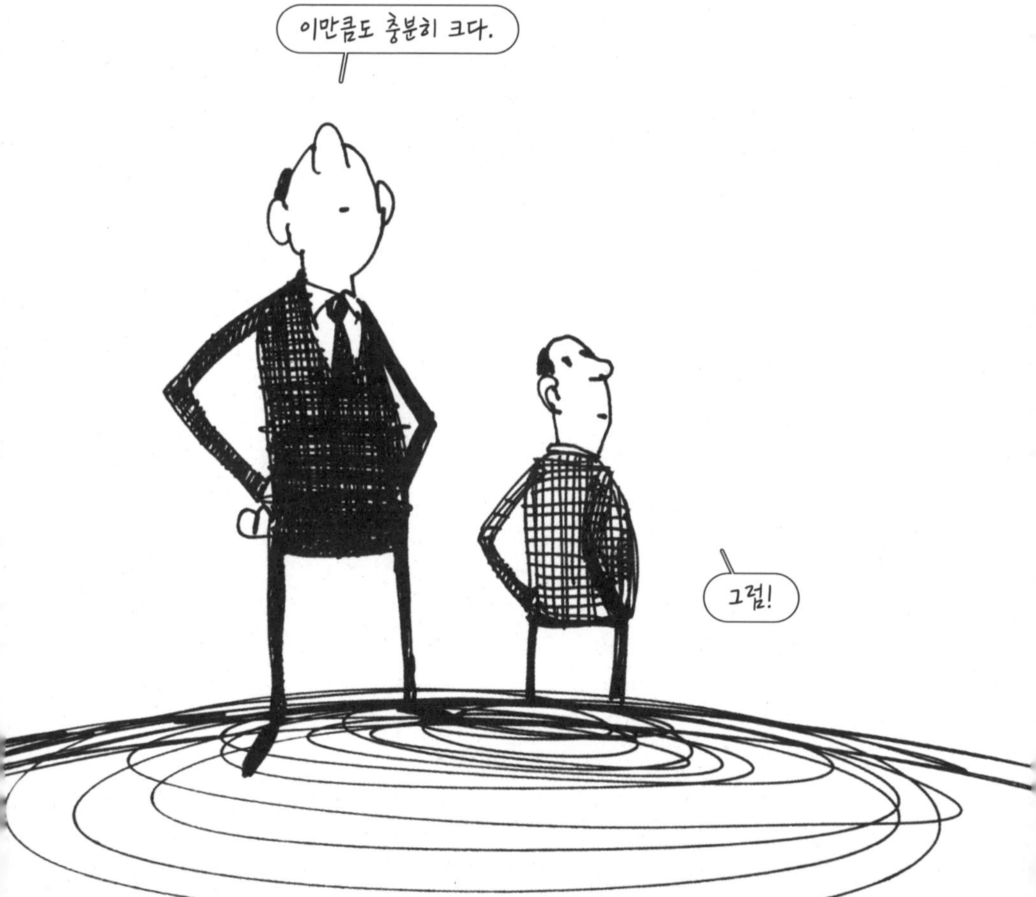
이만큼도 충분히 크다.
그럼!

우주는 언제나 변함없는 상태일 거라는 정상우주론이었습니다.
원래 변함없었고,
지금도 변함없으며,
앞으로도 변함없을 거다.

하지만 허블의 생각은 달랐습니다. 그에게 안드로메다는 훨씬 더 멀게만 느껴졌습니다.

우리 은하계 바깥에 있는 것 같다니까….

또 안드로메다의 별들이 얼마나 멀리 떨어져 있는지 알고 싶어했습니다.

별과 나 사이의 거리를 쟀어요.
우주가 엄청 크다는 걸 증명하려고.
우주가 더 커지면 뭐가 좋아?
우주적 일자리 창출이죠.

별까지의 거리를 어떻게 측정할 것인지에 관해서는 고민할 필요가 없었습니다. 위대한 천문학자 헨리에타 스완 레빗이 이미 확립해 놓은 상태였지요.

따지고 보면 내가 참 큰일 했지.
최고!

하버드 대학에서 천체를 관찰하던 레빗은 마젤란 성운에서 밝기가 주기적으로 변하는 세페이드 변광성을 많이 발견했습니다.

변광주기와 별의 밝기 사이에는 일정한 관계가 있거든요.

세페이드 변광성은 별까지의 거리를 정확하게 측정하기 위한 중요한 열쇠였습니다.

가까운 변광성은 연주시차로 밝기를 측정할 수 있으니까,
같은 주기를 갖는 먼 거리 별의 절대밝기도 구할 수 있어요.
그런 다음에는 관찰로 얻어진 겉보기밝기와의 거리지수를 통해 거리를 산출할 수 있죠.
좀 더 자세히 설명해 주실 수 없나요?
지금은 허블이 주인공이라 난 이만….

허블은 안드로메다 성운에서 세페이드 변광성을 찾아내는 일에 몰두했고,
40여 개의 변광성을 찾아서 관측하고 얻어낸 결과는 놀라웠습니다.

오! 마이 안드로메다!

지구에서 안드로메다까지의 거리는 약 90만 광년이었습니다. 오늘날에는 250만 광년으로 알려져 있지만, 어쨌든 허블이 계산한 그 거리는 10만 광년 정도로 추산하던 우리 은하의 크기를 훨씬 넘어서는 수치였습니다.

막상 안드로메다까지 거리를 알고 보니,
언감생심이란 말이 떠올랐습니다.
가까이하기엔 너무 멀어져 버렸네?
난 가까이할 맘도 없었다니까.

안드로메다는 그때부터 성운이 아닌 은하로 불리게 되었습니다.

이제부턴 나 말고 다른 은하를 더 찾아봐요.
그동안 즐거웠어.

우주의 크기를 무한정 넓혀놓은 허블은 내친 김에 우주의 운동을 밝히는 관측을 시작했습니다.

사랑도 변하는데 우주라고 안 변하겠어?
대체 뭔 상관?

그 일을 위해 그는 천체관측의 귀재 밀턴 휴메이슨을 끌어들였습니다.

나하고 일 좀 하자.
뭔 일이래?
밝하늘 역사에 이름 남기는 일.
별일이네.

허블과 휴메이슨은 별들의 스펙트럼을 관찰했습니다.

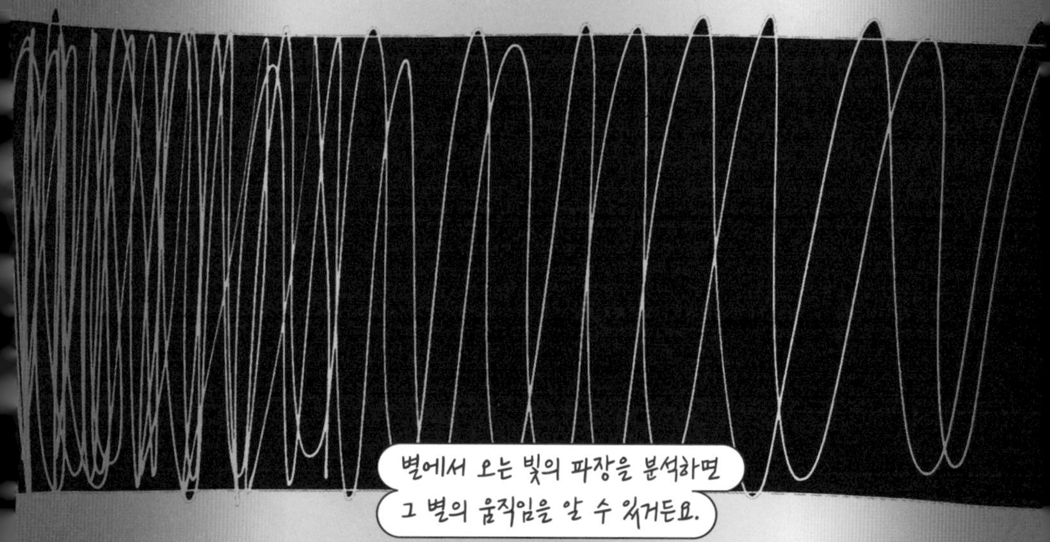
별에서 오는 빛의 파장을 분석하면
그 별의 움직임을 알 수 있거든요.

그들이 주목한 것은 도플러 효과에 의해 나타나는 적색편이 현상이었습니다.

도플러 효과는 뭐고 적색편이는 또 뭐래?
과학 시간에 안 배웠습니까?

도플러 효과는 거리가 가까워질 때 소리의 파장이 짧아지고
멀어질 때 길어지는 현상인데,

기차의 기적 소리를 들으면 알 수 있죠?
요즘은 KTX인데?
그럼 방정맞게 달리는 자동차 소리로….

빛의 경우에도 마찬가지여서 파장이 길어질 경우 스펙트럼에서 흡수선이 적외선 쪽으로 치우쳐 나타나는 것을 적색편이라고 합니다.

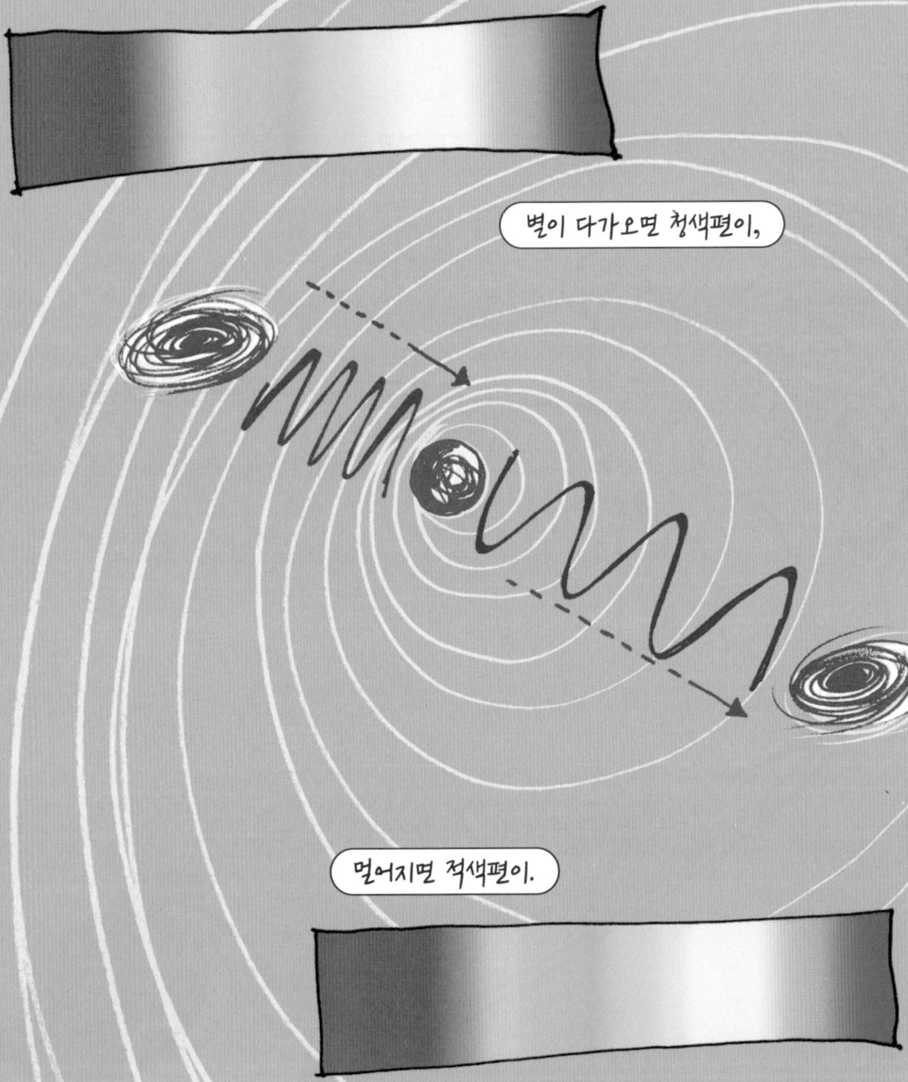
별이 다가오면 청색편이,
멀어지면 적색편이.

허블이 반경 1억 광년 이내의 모든 은하계를 집요하게 추적해서 얻어낸 것은
모든 경우에 적색편이가 나타난다는 사실,
즉 우주가 팽창한다는 증거였습니다.

멀어지고, 멀어지고….

거기에 더해 가까이 있는 은하보다 멀리 있는 은하가 더 빠른 속도로 멀어진다는 사실도 알게 되었습니다.

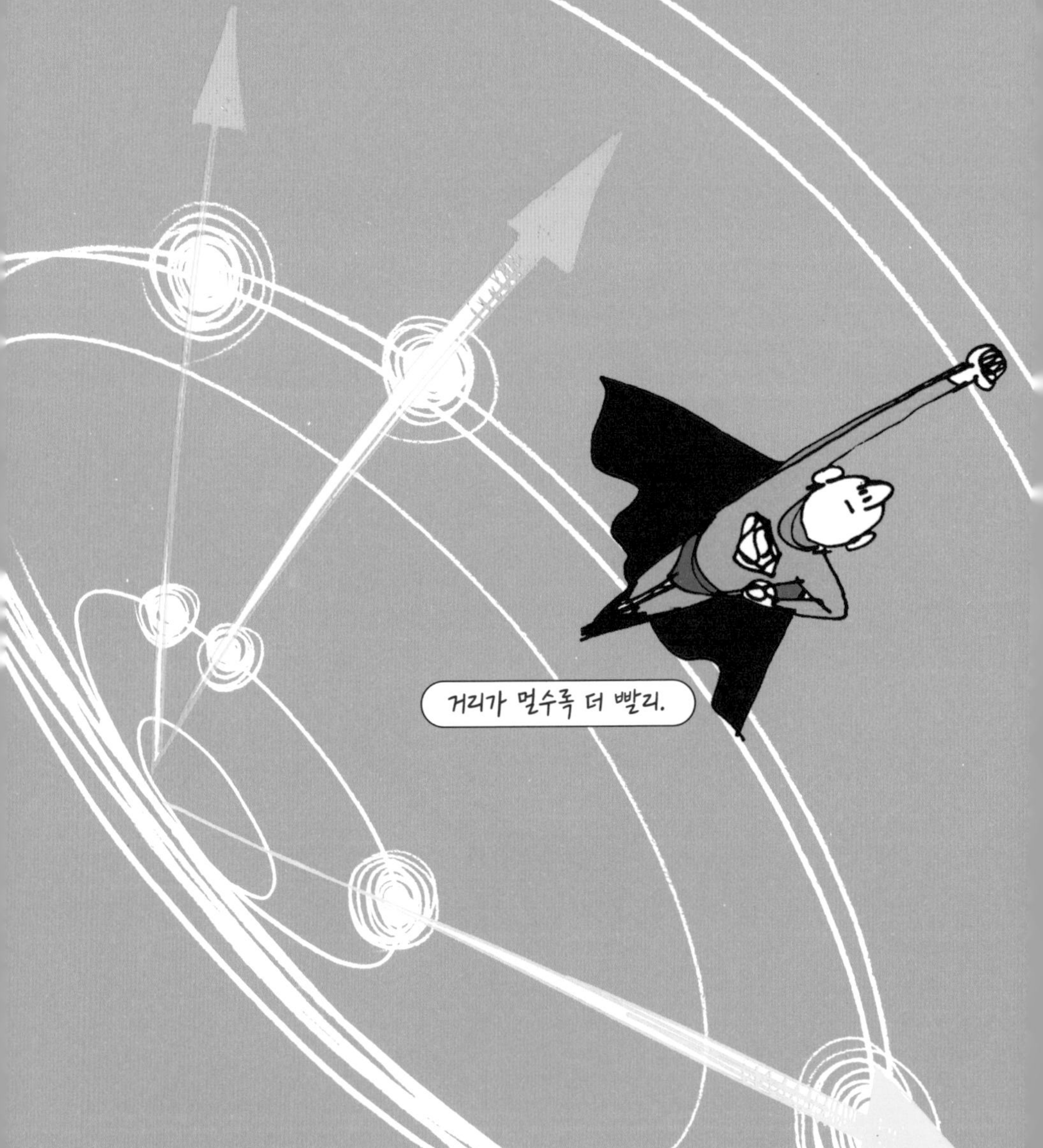
거리가 멀수록 더 빨리.

마침내 위대한 과학자의 반열에 들게 된 허블에게 남은 과제는,
자신의 이름을 잊히지 않을 자리에 뚜렷이 남기는 일이었습니다.

과학자가 이름 남기는 곳이 있어요.
어디?

위대한 과학자가 생애의 업적을 가장 단순하게 축약해 놓는 자리,

바로 방정식이죠.

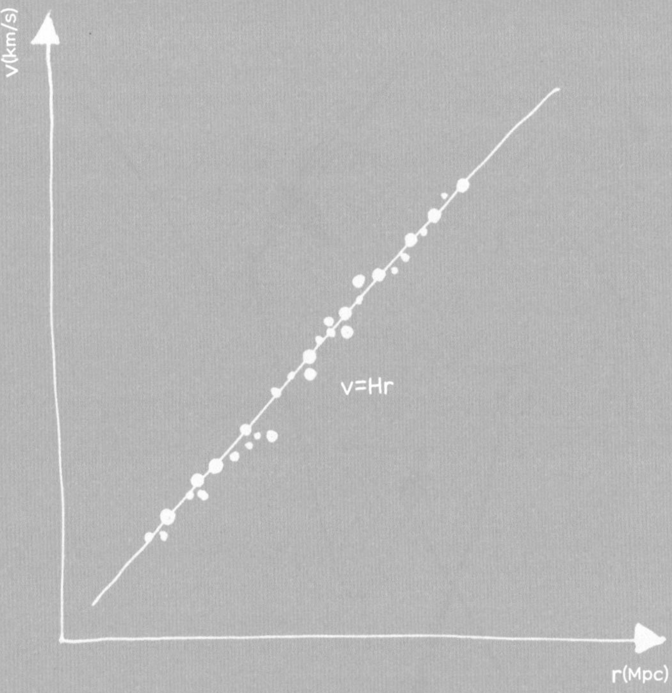

v는 은하가 후퇴하는 속도, r는 거리, H는?

1929년 허블은 우주과학 역사에 빛나는 기념비적인 논문을 발표하면서, 은하 간의 거리는 팽창하며 멀어지는 속도에 비례한다는 방정식에 허블상수 H를 새겼습니다. 오늘날 우리는 이 방정식을 '허블의 법칙'이라고 부릅니다.

논문의 제목은
〈외부 은하 성운의 거리와 기본 속도의 관계〉.

우주의 중심은 없다는 사실, 그리고 빅뱅 이전에 관해서는
묻지도 따지지도 않는 것이 과학의 매너죠.

09

빅뱅의 증거

펜지어스와 윌슨

Arno Penzias (1933~)
Robert Wilson (1936~)

펜지어스는 미국의 천체물리학자로 우주의 기원이 정적인 상태여야 한다고 보았던 정상우주론에 맞서 대폭발설인 빅뱅이론의 증거가 되는 우주배경복사를 발견했다. 윌슨은 미국의 전파천문학자로 펜지어스와 함께 우주배경복사를 발견해 노벨상을 수상했다.

우주의 기원과 상태를 설명하는
가장 유력한 정설인 빅뱅이론은
일단 우주의 시작을 전제로 한다는 점 때문에
많은 과학자로부터 외면당했습니다.
그래서 빅뱅이론을 지지하는 과학자들은
약 137억 년 전에 일어났던 대폭발의
단서를 찾아야 했습니다.

성서의 창세기 1장에서 태초에 창조된 세계는 형체도 없고 공허한 상태였다가
3절에 이르러 비로소 암흑 속에서 빛이 등장합니다.

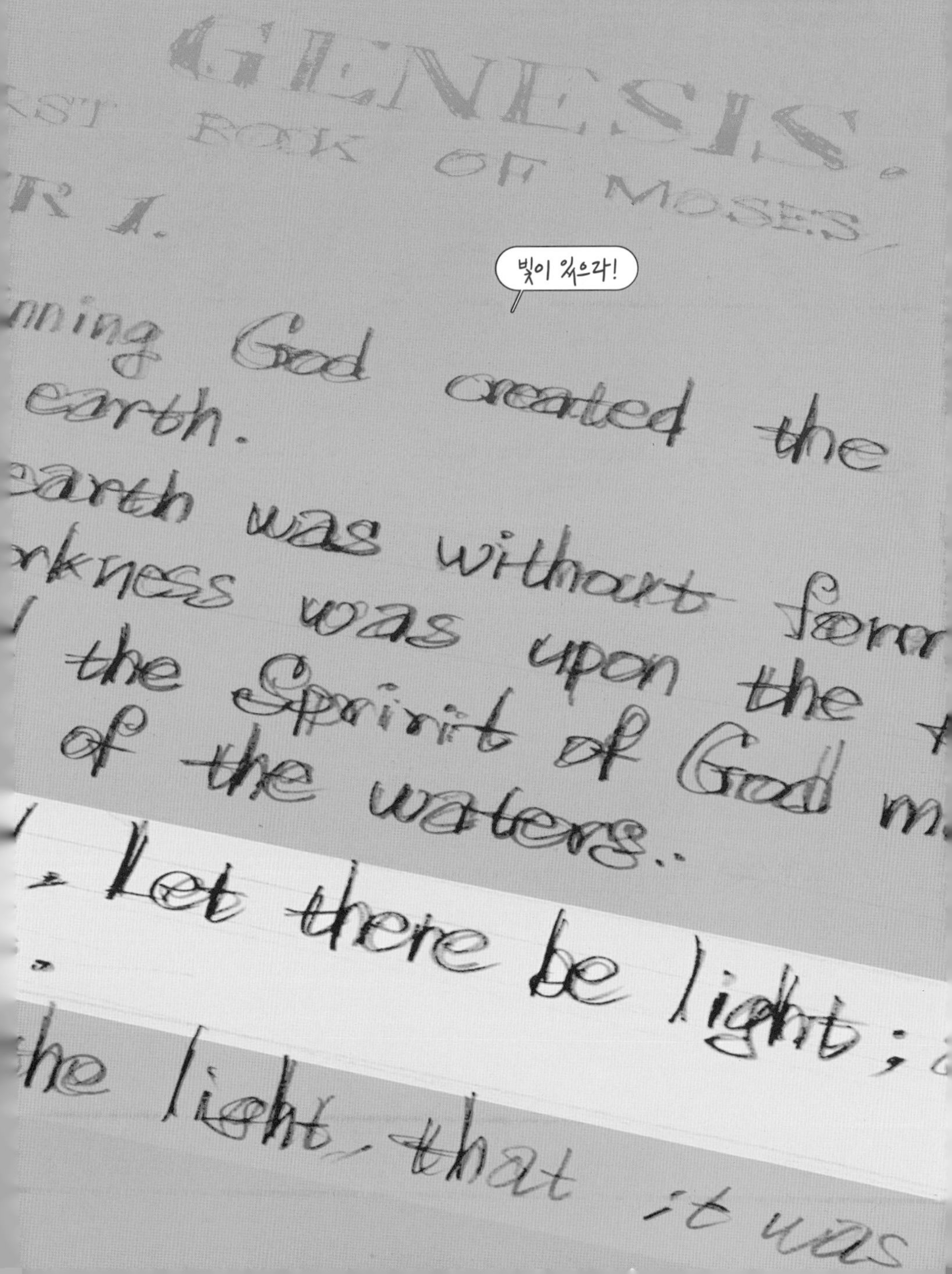
빛이 있으라!
GENESIS.
OF MOSES
God created the
earth.
earth was without form
was upon the
the Spirit of God
of the waters.
Let there be light;
the light, that
it was

빅뱅이론을 근거로 과학자들이 바라본 우주에서는 대폭발 후 38만 년 정도가 지난 다음 빛이 물질과 에너지의 틈바구니를 빠져나왔습니다.
길 뚫렸다!

그때 빛이 사방으로 흩어지며 차가워진 우주에 남긴 열기가 바로 대폭발의 단서이자 빅뱅의 화석인 '우주배경복사'입니다.

Cosmic Microwave Background
우주배경복사? 이건 또 뭐지?
?
???

1929년 허블이 우주의 팽창 사실을 확증한 무렵에도
과학계는 우주의 기원을 놓고 의견이 분분했습니다.

우주는 처음에 빵 하고 터졌어!
뭐? 네 말 듣고 빵 터졌다.
쟤들 또 싸운다.

1927년 벨기에의 천문학자이자 가톨릭 사제였던 조르주 르메트르는 우주는 한 점에서 시작되었을 거라며 빅뱅이론의 단초를 제공했지만,

모든 게 '원시 원자(primeval atom)'에서
출발했을 거라는 생각을 해보았습니다요.

상당수의 과학자들은 모름지기 우주란 시작도 끝도 없이 정적인 상태여야 한다고 보았습니다.

뭐? 우주의 시작? 점?
살다 별소리 다 듣겠네.
누구야? 과학자 맞나?
교회 신부라던데?
지금이 중세 시댄 줄 아나?
감히 우주를 뭘로 보고!
말세다 말세.

1940년대에 이르러 바람직한 우주의 상태란 어떤 것인지를 두고 크게 두 진영으로 나뉘었습니다.

대폭발우주론
VS
정상우주론
만물의 근원은 폭발입니다!
폭파범이 누군데?

폭발론자들은 최초의 폭발로부터 생겨난 물질들이 은하를 구성했으며 팽창과 더불어 더욱 멀어지고 있다는 우주 모형을 구상했습니다.

우주가 팽창하면서 은하들은 서로 점점 멀어져요.

반면에 정상우주론자들은 우주는 어느 시점으로부터 시작된 것이 아니라 원래부터 지금과 같은 밀도로 존재했으며, 팽창으로 생기는 빈 공간을 새롭게 생겨나는 은하가 채우면서 영원히 균질적인 상태를 유지한다는 연속 창조의 가설로 맞섰습니다.

우주의 상태는 변함없는 거야.

대폭발설을 주장하는 과학자들은 정상우주론자들을 납득시킬 만한 증거를 찾기 위해 다각도로 노력했습니다.

어떻게 하면 믿어줄까?
폭발로 원소들이 생겨난 과정을 밝히면?
믿어줄까?
폭발의 흔적을 찾으면?
믿어줄까?
그래도 안 믿으면?
….

그중 미국 조지워싱턴 대학에서 연구하던 조지 가모프는
우주와 은하를 구성하는 물질의 기원을 추적했습니다.

이런 원자들이 언제 어떻게 만들어졌을까 궁리했지.
우리 출생의 비밀을
파헤치셨다 그 말이군.

1948년 그는 〈화학원소의 기원〉이라는 논문을 발표하면서 최초의 폭발 당시 수소나 헬륨 같은 가벼운 원소들이 생겨난 과정을 자세히 설명했습니다.

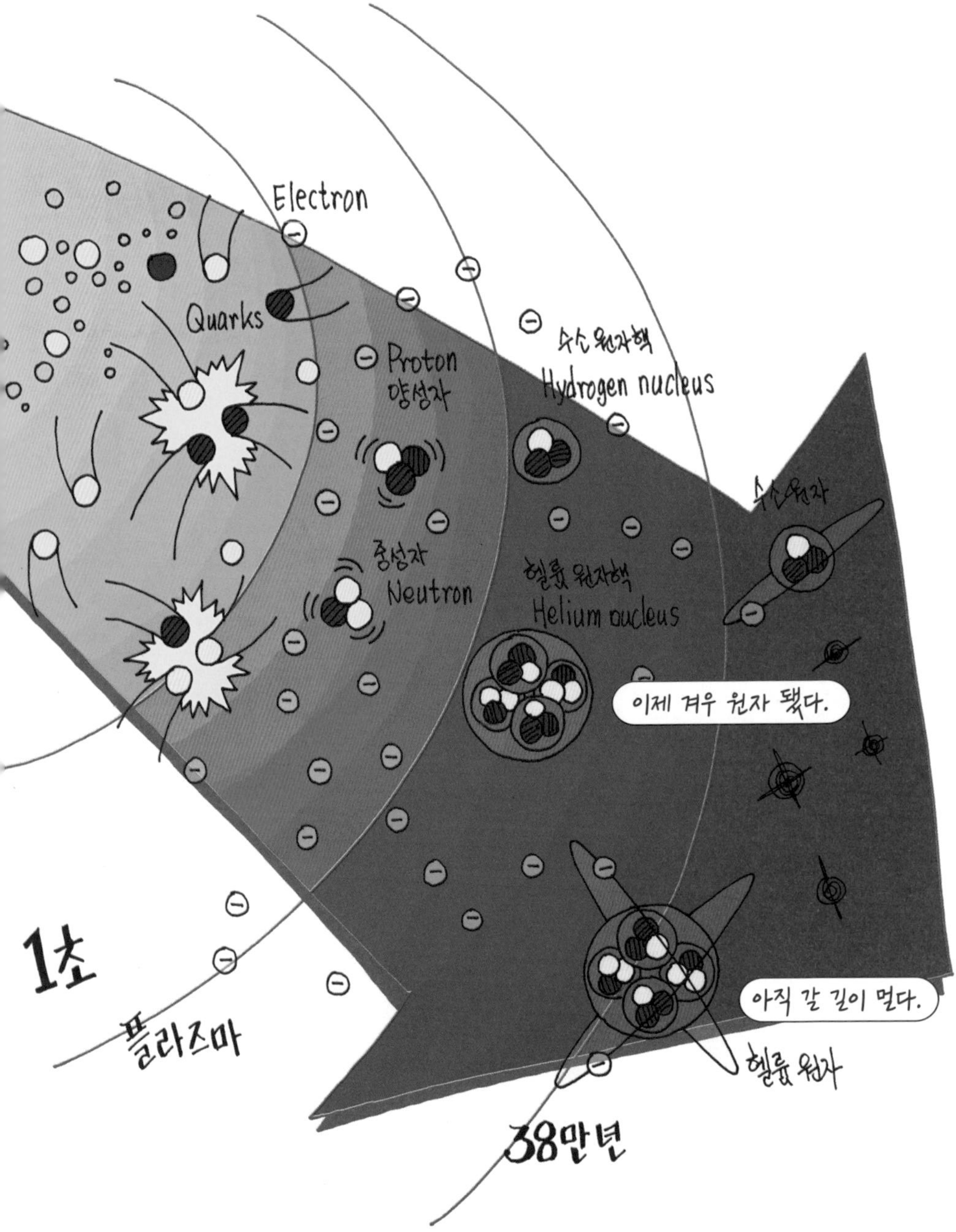

하지만 정상우주론자들은 요지부동이었습니다.

수소, 헬륨… 전부 가벼운 원자네.
철 같은 무거운 원소는 어떻게 생기나?
결정적으로 탄소는?

정상우주론 진영의 선봉을 자임했던 영국의 과학자 프레드 호일은 1949년 BBC 라디오 프로그램에 출연해 폭발론자들을 신랄하게 비판했는데, 그때 무심코 내뱉은 단어가 '빅뱅'이었습니다.

우주가 폭발했다고? 참말로 빅(Big) 뱅(Bang)이다!
우리 이름 생겼다.
BBC

그렇다고 해서 호일이 고집만 세고 무능한 사람은 아니었습니다.
오히려 매우 비범한 과학자였던 그는 훗날 빅뱅우주론자들이
풀지 못한 난제였던 중원소 합성 문제를 해결했습니다.

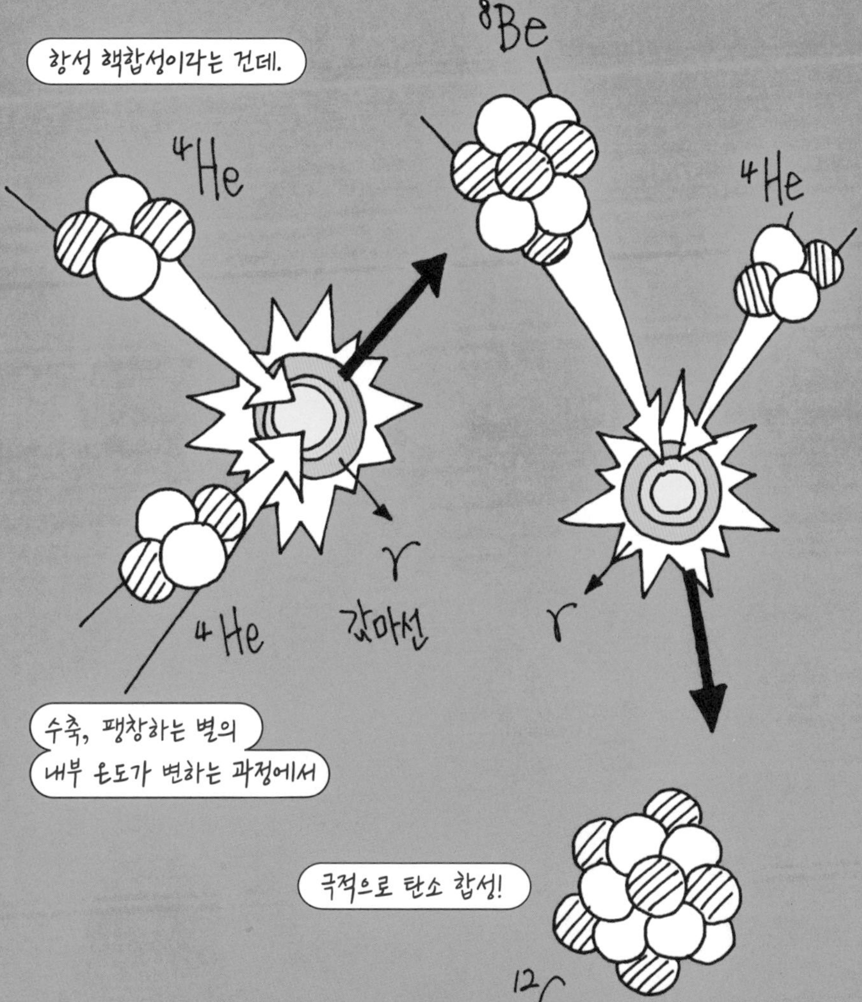
항성 핵합성이라는 건데.
^{4}He
^{8}Be
^{4}He
^{4}He
γ
감마선
γ
수축, 팽창하는 별의
내부 온도가 변하는 과정에서
극적으로 탄소 합성!
^{12}C

아이러니하게도 빅뱅이론 앞에 놓인 걸림돌을 빅뱅 반대론자가 치워준 셈이죠.

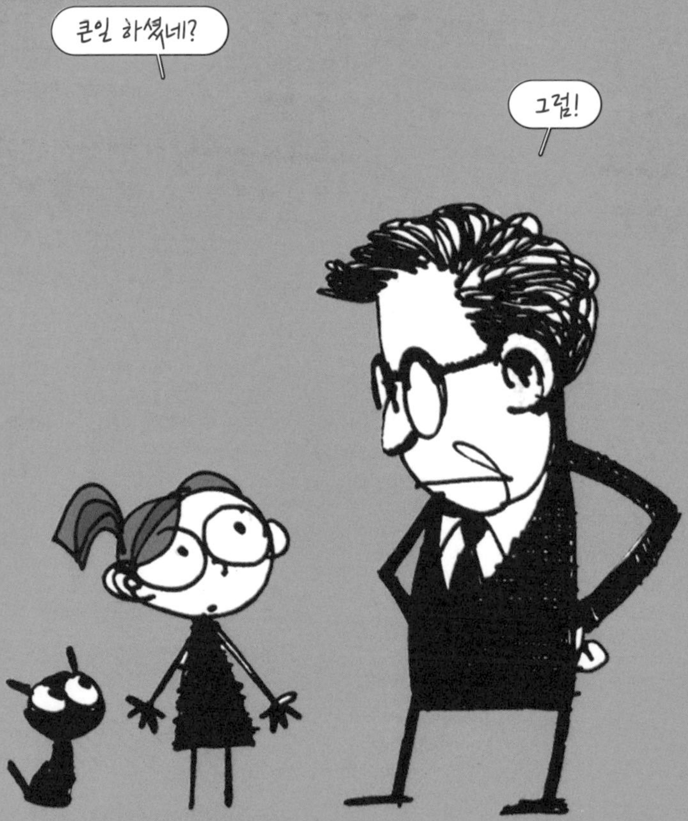
큰일 하셨네?
그럼!

어쨌든 본의 아니게 '빅뱅'이라는 기막힌 명칭을 얻은 이론이
우주과학의 정설로 확증되려면 좀 더 확실한 증거가 필요했습니다.

이름도 생겼으니
이제 우주 논쟁의 종지부를 찍어볼까?
BIG
BANG

몇몇 과학자들은 다시 아주 먼 과거의 우주를 향해 탐구의 시선을 돌렸습니다.
'우주배경복사'를 찾기 위해서였습니다.

중요한 단서는 사건 현장에 있다!
맞는 말이여.
집요하시네들.
노벨상이 눈앞에 있다고.

우주배경복사는 이를테면 폭발 후에 차갑게 식은 우주를 향해 퍼진 열기입니다. 밥솥을 여는 순간 주변에 확 퍼지는 수증기처럼 우주에 복사가 발생한 것은 대폭발이 있고 난 뒤 38만 년이 지난 때였습니다.

자! 이제 출발 준비!
이건 뭔데?
이게 바로 광자야.
빵

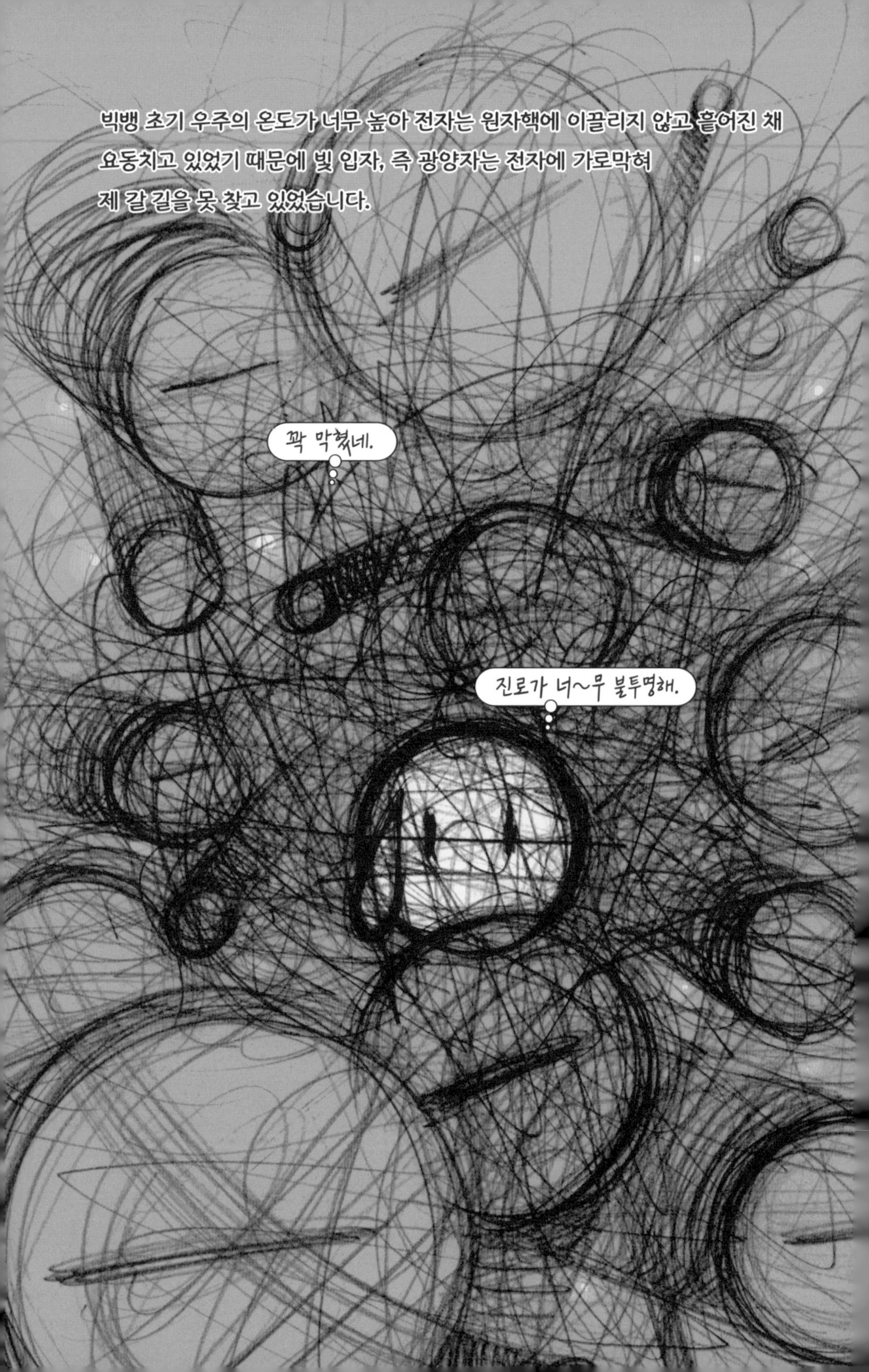
빅뱅 초기 우주의 온도가 너무 높아 전자는 원자핵에 이끌리지 않고 흩어진 채 요동치고 있었기 때문에 빛 입자, 즉 광양자는 전자에 가로막혀 제 갈 길을 못 찾고 있었습니다.
꽉 막혔네.
진로가 너~무 불투명해.

그러다가 우주가 냉각되어 수소와 헬륨 원자핵은 전자를 붙들어 원자가 되었고 우주는 투명해졌습니다.

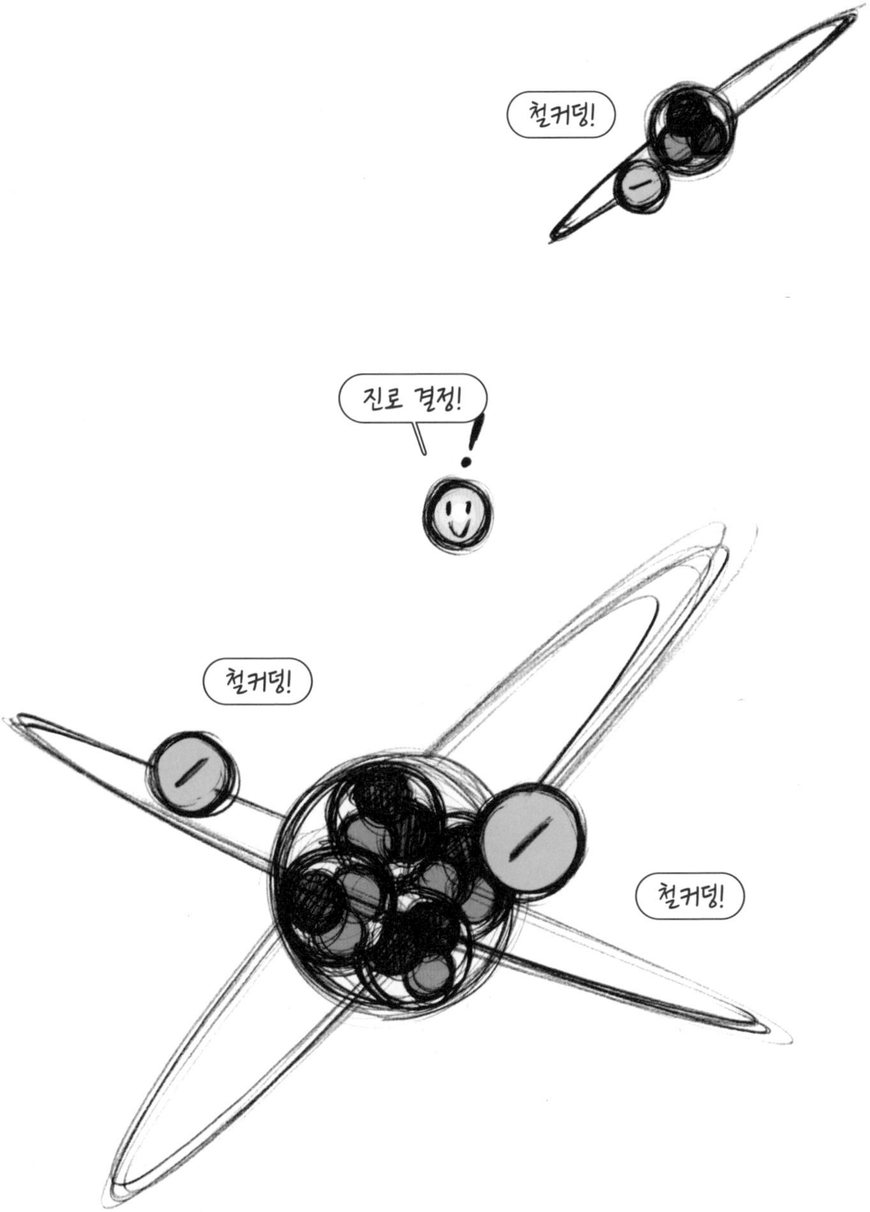
철커덩!
진로 결정!
철커덩!
철커덩!

그 덕분에 광양자는 전자의 방해를 받지 않고 자유롭게 나아갈 수 있었습니다.
드디어 우주에 빛이 제 모습을 드러낸 것입니다.

폭발로 생긴 빛이라서
폭발의 증거가 되는 거지.

1948년 랠프 앨퍼와 로버트 허먼은 파장이 짧고 고에너지였던 광파가 우주 팽창과 함께 마이크로파로 길어졌을 테고, 우주 전체에 고르게 퍼져 있을 거라고 발표했습니다.

자! 이제 먼저 찾는 사람이 노벨상 임자여.
그럼 우리가 찾을까?
혹시 못 찾으면 좀 그러니까 그냥 발표나 하자고.

의욕적으로 확인에 나선 사람은 프린스턴 대학의 로버트 딕이었습니다. 그는 동료들과 함께 전파망원경을 제작했습니다. 딕은 목표 의식이 뚜렷한 과학자였고 목표는 오직 우주배경복사의 발견이었습니다.

우주배경복사야 기다려라!
'노벨상아, 기다려라!'로 들려.

그 무렵 멀지 않은 곳, 벨 연구소의 아노 펜지어스와 로버트 윌슨도 뚜렷한 목표 의식이 있었습니다. 그들의 목표는 쾌적한 전파 수신을 위한 잡음 제거였습니다.

윌슨, 안테나 닦았나?
닦았어.
잘 닦았나?
잘 닦았다고!
한 번 더 닦아라.
잔소리 좀 작작 해!

그런데 불필요한 신호를 다 제거해도 연구소의 위성통신용 전파망원경에는 한 가지 정체불명의 잡음이 계속 남아 있었습니다.

이 야릇한 신호는 뭘까?

두 사람은 신경 쓰이는 마이크로파를 없애기 위해 갖은 노력을 다했습니다. 안테나도 수리하고 심지어 비둘기 똥도 청소해 보았지만 소용없었습니다.

도저히 뭔지 모르겠다.
모르면 물어봐야지.

결국 그들은 근처 프린스턴 대학의 과학자 딕에게 문의했습니다. 딕은 소식을 듣고 만감이 교차했습니다. 그들이 알려준 신호의 형태는 절대온도 3.5K인 물체의 파장에 해당하는 마이크로파였습니다.

으흐흐흑! 찾았단다.
드디어 찾았단다!
기쁜 걸까? 슬픈 걸까?

펜지어스와 윌슨이 어떻게든 없애고 싶었던 잡음이 딕에게는 누구보다 먼저 찾고 싶었던 우주배경복사였던 겁니다.

우주배경복사래!
우리가 찾았대!
아하하하하!

그렇게 약 한 세기 동안 논란과 우여곡절을 겪은 빅뱅이론은 우주과학의 법정에서 승소했고, 펜지어스와 윌슨은 1978년에 노벨상을 받았습니다.

10

생명의 설계도, DNA

로절린드 프랭클린

Rosalind Franklin (1920~1958)

영국의 생물물리학자. 엑스선결정학 분야에서 뛰어난 실력자였다. DNA의 엑스선 사진을 찍어 DNA 분자구조를 밝혀내는 데 결정적인 역할을 했다.

1962년 노벨 생리의학상은 당시까지

생명체의 유전정보를 담은 물질일 거라 추측되던

DNA의 구조를 밝혀낸 세 명의 과학자

왓슨, 크릭, 윌킨스에게 돌아갔습니다.

하지만 DNA 모델의 단서인 실증적 증거를

가지고 있던 여성 과학자는 몇 해 전

암으로 세상을 떠나서 수상할 수 없었습니다.

그녀의 이름은 로절린드 프랭클린입니다.

20세기 과학, 특히 생명과학 분야에서 최고의 성과를 낸 주제를 꼽으라면 단연 DNA일 겁니다.

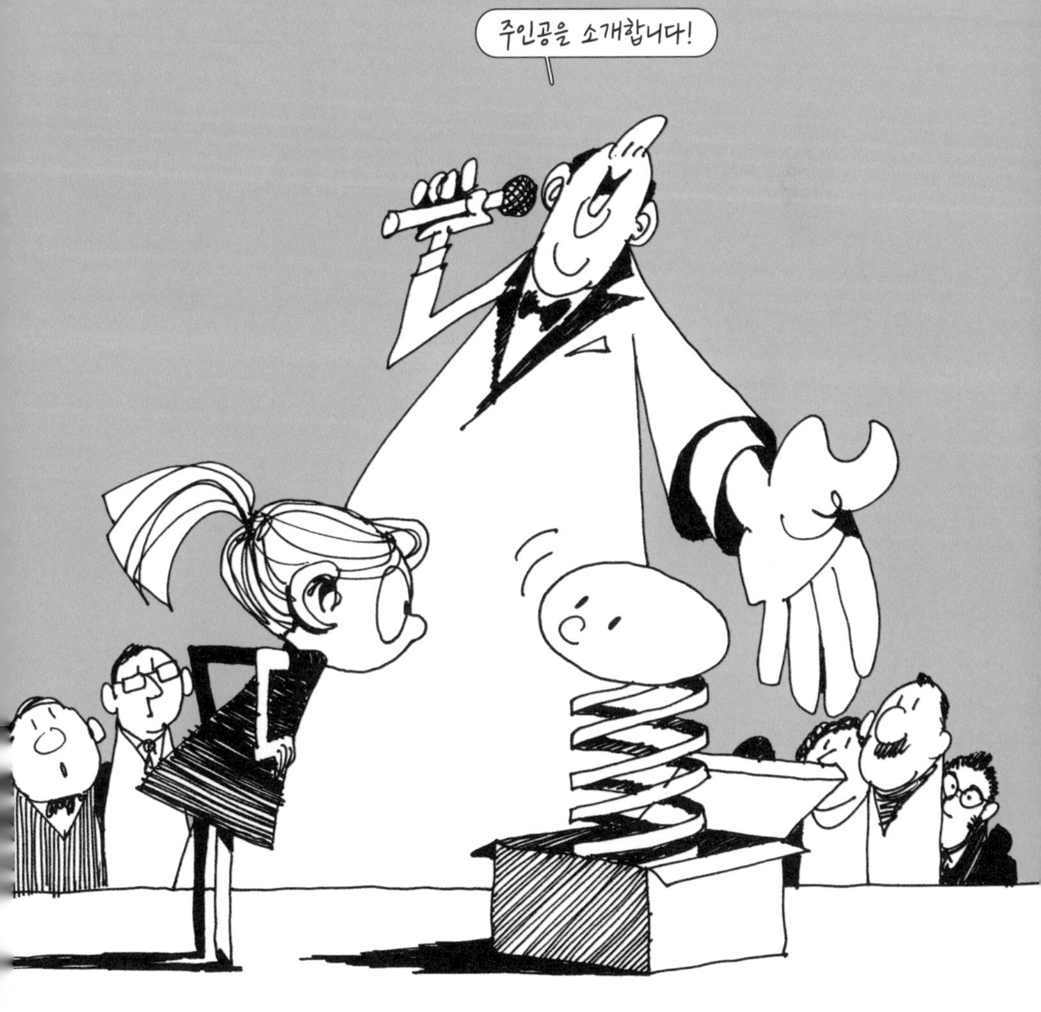
주인공을 소개합니다!

본격적인 DNA 연구와 함께 생명과학, 특히 유전학은 비약적으로 발전했습니다.

와!
이제 물리학 안 부럽다!
PHYSICS
BIOLOGY
GENETICS

이제는 다 알려진 사실이지만 DNA는 모든 생명체의 종을 유지하면서 제각각의 특성을 발휘하게끔 하는 유전정보를 담은 물질입니다.

20세기 중반까지도 과학자들조차 단백질이 유전물질이라고 여겼어.
그럼 넌 뭔데?
DNA

DNA는 디옥시리보핵산의 줄임말입니다.

Deoxyribo Nucleic Acid,
핵산의 한 종류야.
Friedrich Miescher
1869년 스위스 생물학자
프리드리히 미셔가 발견했어.
처음엔 뉴클레인(nuclein)이라고 불렀어.
세포핵(nuclei)에서 발견했으니까.
핵산은 뭐야?

핵산은 여러 개의 뉴클레오타이드로 이루어진 긴 사슬 모양의 고분자유기물입니다.

뉴클레오타이드는 또 뭐야?
핵산의 구성 단위인데 당, 인산, 염기로 구성돼.
당이라면? 설탕?
맞아. 화학적으로 말하면 산소, 수소, 탄소로 구성된 탄수화물이지.
당
염기
base
sugar
Phospate
인산

뉴클레오타이드를 만드는 당에는 두 종류가 있습니다.
DNA는 디옥시리보스를, RNA는 리보스를 당으로 가지죠.

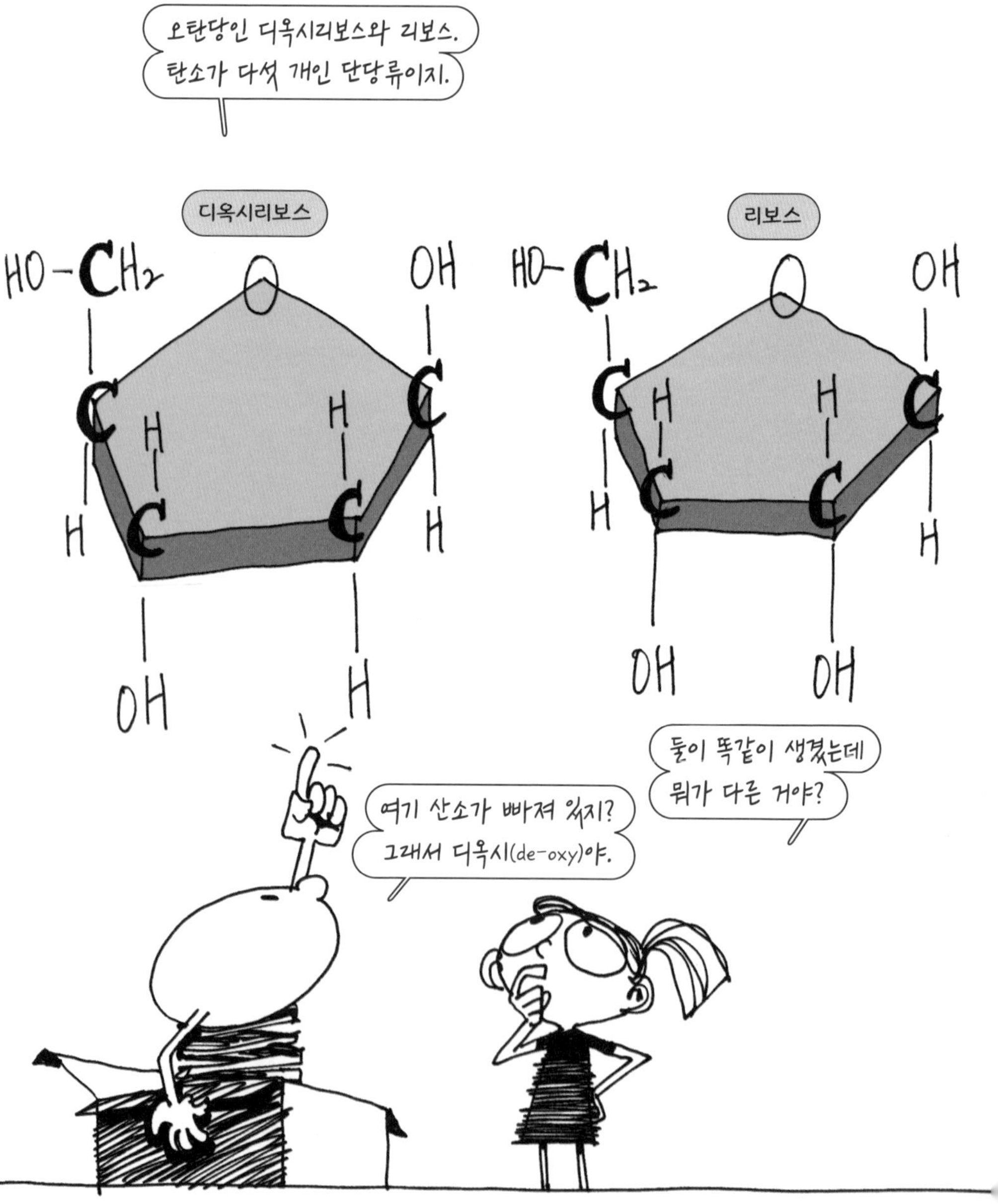

오탄당인 디옥시리보스와 리보스.
탄소가 다섯 개인 단당류이지.
디옥시리보스
리보스
$HO-CH_2$
O
OH
C
H
둘이 똑같이 생겼는데
뭐가 다른 거야?
여기 산소가 빠져 있지?
그래서 디옥시(de-oxy)야.

당과 인산기가 교대로 결합하면서 긴 사슬이 만들어집니다.

염기는 여기에 붙어.
염기라면 알칼리?
맞아. DNA에 작용하는 염기는 네 종류야.
뭔데?
인산
O
C
C
C
C
C
아데닌, 구아닌, 시토신,
티민인데 자세한 건 좀 이따.

이렇게 디옥시리보스를 가진 핵산을 DNA라고 부릅니다.

A
C
G
T
A
G
T
C
그러니까 산소가 빠진 오탄당인 디옥시리보스와 인산이 줄줄이 이어지는 와중에,
네 종류의 염기가 달라붙어 있는 건데 누군가가 세포핵에서 발견하고 보니,
산성 물질이었다. 즉 핵산이었다, 그 말이네?
맞았어.
그게 유전물질이란 건 언제 알았어?
1944년.

캐나다의 의사였던 오즈월드 에이버리는 부단한 세균 실험을 통해 DNA야말로 유전물질임에 틀림없다고 발표했죠.

Oswald Avery
발표하고 과학계 스타 됐겠네?
무시당했어.
왜?
코페르니쿠스도 갈릴레이도 그랬잖아?

에이버리의 실험 결과가 더 많은 조사를 통해 확증되던 와중에 미국의 생화학자 어윈 샤가프는 중요한 법칙을 알아냈습니다.

여러 생물 세포에서 DNA를 추출해 정량적으로 살폈더니.
Erwin Chargaff
살폈더니?
네 가지 염기들 중 아데닌과 티민, 그리고 구아닌과 시토신이 항상 같은 양으로 존재했어.

DNA 연구는 급물살을 타기 시작했습니다.

DNA를 유전물질이라고 보는 건 대세야.
잘하면 노벨상 받을 수 있다는 거?
그렇지.

과학자들에게 주어진 다음 과제는 DNA의 구조를 밝히는 것이었습니다.

대체 어떻게 생겨먹었을까?
모양만 알아내면 노벨상 먹는 건데.
일단 좀 먹고 하자.

당시 경쟁적으로 연구에 매달렸던 대표적인 과학자 그룹은 셋이었습니다.

노벨 화학상 수상자였던 라이너스 폴링.
Linus Pauling
킹스 칼리지 런던의
로절린드 프랭클린과 모리스 윌킨스.
Maurice Wilkins
그리고 케임브리지 캐번디시 연구소의
제임스 왓슨과 프랜시스 크릭.

가장 앞서가는 듯했던 라이너스 폴링은 DNA가 삼중 나선 구조로 이루어졌다는 내용의 논문을 발표했습니다.

내 과학 인생에서 최악의 실수였지.
그래도 노벨상은 두 개나 받았어.
화학상 말고 또 무슨 상?
평화상.

비록 폴링은 미수에 그쳤지만 그가 제시한 이론에서 DNA가 나선 구조라는 것은 다른 과학자들도 공감하는 내용이었습니다.

당, 인산, 염기가 나선형 사슬로 이어졌을 거라는 점은 분명해.
그런데 삼중 나선은 아니고, 그렇다고 단일 나선도 아닌 것 같고.
그럼 남은 건 뭘까?

그 무렵 왓슨과 크릭은 당과 인산이 연결된 뼈대 안쪽으로 염기가 연결된 뉴클레오타이드 사슬 모델을 만들고 있었습니다.

두 가닥의 사슬이 이렇게 붙어 있는 거 아닐까?
염기와 염기가 결합하고?
응.
종류가 네 가진데 어떤 식으로?
그걸 알아내야지.

그때 왓슨과 크릭에게 힌트를 준 것은 '샤가프의 법칙'이었습니다.

아데닌
A
티민
T
구아닌
시토신
G
C
그럼 이 둘과 이 둘은
운명적인 관계 아닐까?

아데닌과 티민, 그리고 구아닌과 시토신이 짝을 이룬다는 그들의 직관은 적중한 듯 보였습니다.

봐! 딱 들어맞잖아? 각이 딱 나와.
그래도 운명적이라는 말은 과학적이지 않잖아?
상보적이라고 하자.
A
T
C
G
G
C
A
T
G
C
A
T
A
T
A
T

또 그들을 확신케 한 실증적인 결과물도 하나 있었습니다.

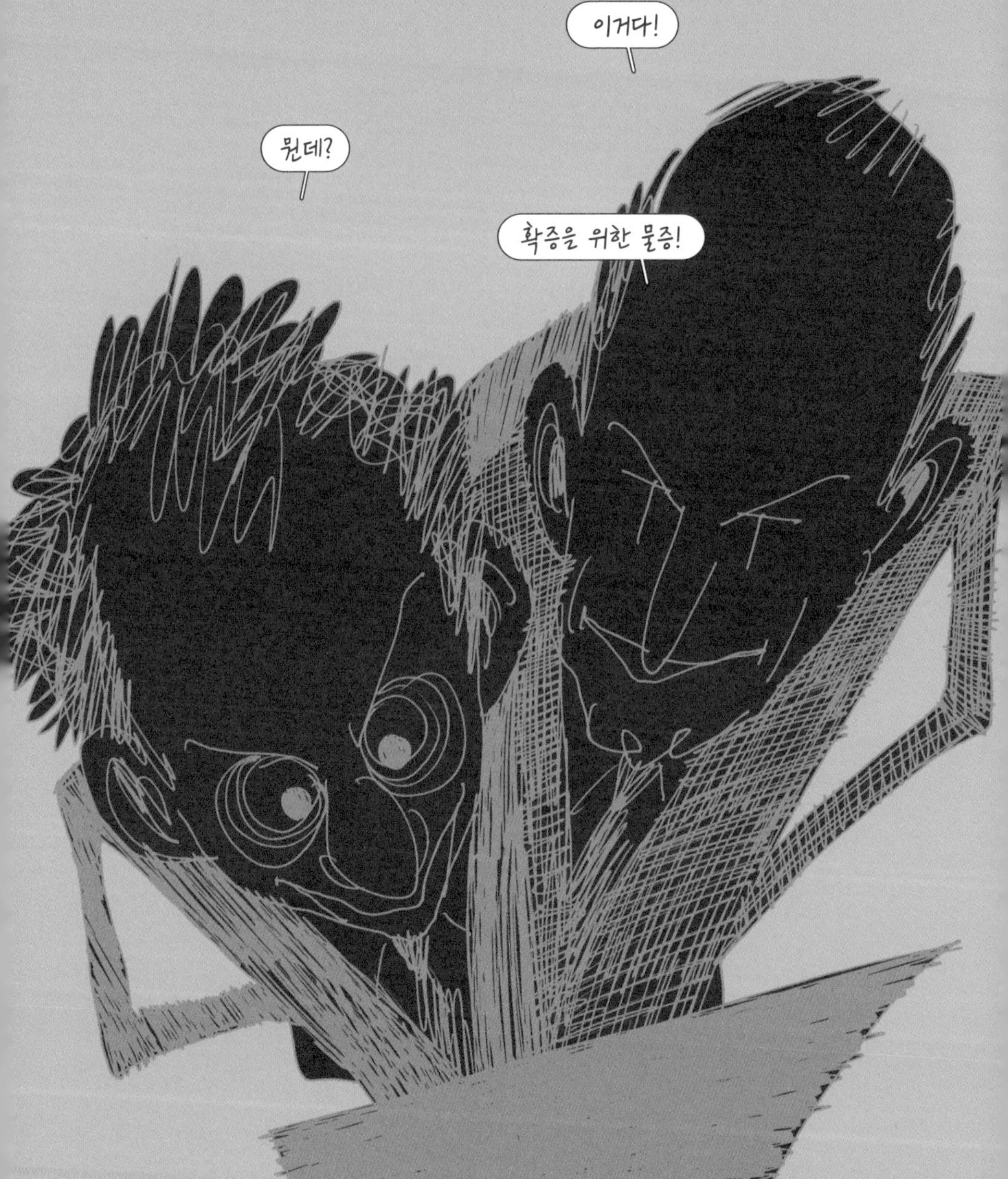
이거다!
뭔데?
확증을 위한 물증!

그것은 바로 한 장의 사진. 로절린드 프랭클린이 엑스선 회절법으로 찍은 DNA의 결정 구조 사진이었죠.

이른바 51번 사진!
Photo51

프랭클린이 신중을 기하는 사이,
여태까지 찍은 것들 중에 제일 선명해.
확실히 이중 나선 모양의 일부로 보여.
바로 발표할까?
Franklin
아냐, 모든 게 좀 더
확실해질 때까지 보관해 두자.

그녀가 상상도 못했던 어처구니없는 일이 벌어졌습니다.

설마 누가 이걸 빼돌리진 않겠지?
나랑 사이가 나쁜 연구원이
마음에 걸리긴 하지만.
설마 과학자가 그런 짓을 하겠어?

같은 연구소에서 평소 프랭클린과 원만하지 않았던
모리스 윌킨스는 과감하게 일을 벌였습니다.

사진 잘 나왔네?
잘 나온 사진은 공유해야지.

윌킨스는 사진을 들고 캐번디시 연구소의 왓슨을 찾아갔습니다.

어이! 친구! 뭐 공유할 게 하나 있는데?
!
뭐여?
?
?
보면 놀라 자빠질걸?

51번 사진을 본 왓슨은 경악했습니다.

죽이네!
이것이 바로 확증을 위한 물증이야!!
염기가 쌍으로 결합하는 상보성의 원리에!
눈에 보이는 관측 결과에!
노벨상 받을 논문까지 필요한 건 다 갖췄어.

더 기다릴 필요가 없다고 판단한 그들은 곧바로 학술지 《네이처》에 발표했습니다.

1953년!

MOLECULAR STRUCTURE OF NUCLEIC ACIDS

단 두 쪽짜리 논문.

A Structure for Deoxyribose Nucleic Acid

〈핵산의 분자구조: 디옥시리보핵산의 구조〉

노벨상 받을 생각에 김칫국 먹고 취했어.
나도.

비로소 DNA의 비밀이 풀리게 되었고 왓슨과 크릭, 그리고 윌킨스는 1962년 노벨상을 수상했습니다.

먹었어!
ALFR. NOBEL
NAT. MDCCC XXXIII OB. MDCCC XCVI
프랭클린은?
4년 전 이미 세상 떠났어.

프랭클린은 죽는 날까지 과학에 헌신했지만 암 투병 끝에 서른일곱 살로 생을 마감했습니다.

1962년까지 살아 있었다면 노벨상을 공동 수상했을까?
글쎄.

훗날 왓슨은 DNA 구조 발견에 얽힌 얘기를 직접 쓴 책 《이중나선》의 증보판 후기에서 프랭클린이 기여한 부분을 언급하지 않을 수 없었습니다.

과학의 세계에서
그녀와 같은 고도의 지성을 갖춘 여성이
그토록 투쟁하지 않을 수 없었다는 것을
우리가 이해한 것은 때가 너무나 늦었다.
그뿐만 아니라 자신의 불치의 병을 알면서도
수주일 앞의 죽음을 눈앞에 두고 한탄 한마디 없이
연구에만 헌신적인 정열을 기울여온 그녀의 용기와 성실성을
우리는 너무도 뒤늦게 인식한 것이다.

이 책에 등장한 인물 및 주요 사건

하인리히 가이슬러 **1815~1879**

요한 발머 **1825~1898**

아우구스트 케쿨레 **1829~1896**

1831~1879
제임스 클러크 맥스웰
1871년 빛의 전자기설 제창

1832~1919 윌리엄 크룩스

1847~1931
토머스 에디슨
1879년 탄소 필라멘트를 사용한 백열전구 발명

1834~1907 드미트리 멘델레예프

1838~1916 에른스트 마흐

1850~1930 오이겐 골트슈타인

1852~1908 앙리 베크렐

1856~1940
조지프 존 톰슨
1897년 전자의 발견

1857~1894 하인리히 헤르츠

1858~1947 막스 플랑크

스반테 아레니우스 **1859~1927**

1867~1934
마리 퀴리
1911년 라듐과 폴로늄 발견으로 노벨 화학상 수상

1868~1921 헨리스타 스완 레빗

1871~1937
어니스트 러더퍼드
1911년 원자 내 원자핵의 존재를 발견

길버트 뉴턴 루이스 **1875~1946**

1879~1955
알베르트 아인슈타인
1915년 일반상대성이론 발표

한스 가이거 **1882~1945**

1885~1962
닐스 보어
1922년 원자 구조론 연구 업적으로 노벨 물리학상 수상

1889~1953
에드윈 허블
1929년 허블의 법칙 발표

어니스트 마스든 **1889~1970**

밀턴 휴메이슨 **1891~1972**

프랜시스 크릭 **1916~2004**

1920~1958
로절린드 프랭클린
1952년 DNA의 엑스선 회절 사진을 찍는 데 성공

1928~ 제임스 왓슨

1933~
아노 펜지어스
1964년 로버트 윌슨과 빅뱅이론을 설명할 수 있는 우주배경복사 발견

1936~
로버트 윌슨
1978년 아노 펜지어스와 우주배경복사 발견으로 노벨 물리학상 수상

이 책에 언급된 문헌들

40쪽 카를 마르크스Karl Marx, 〈데모크리토스와 에피쿠로스 자연철학의 차이The Difference Between the Democritean and Epicurean Philosophy of Nature〉, 1902.

27쪽 제임스 클러크 맥스웰, 〈패러데이의 역선에 관하여(On Faraday's Lines of Force)〉, 1855~1856.

27쪽 제임스 클러크 맥스웰, 〈물리적 역선에 관하여(On Physical Lines of Force)〉, 1861~1862.

30쪽 제임스 클러크 맥스웰, 〈전자기장의 동역학적 이론(A Dynamical Theory of the Electromagnetic Field)〉, 1856.

31쪽 제임스 클러크 맥스웰, 《전자기학(A Treatise on Electricity and Magnetism)》, 1873.

183쪽 알베르트 아인슈타인, 〈빛의 발생과 변화에 관련된 발견에 도움이 되는 견해에 대하여(On a Heuristic Viewpoint Concerning the Production and Transformation of Light)〉, 1905.

184쪽 알베르트 아인슈타인, 〈정지 액체 속에 떠 있는 작은 입자들의 운동에 대하여(On the Motion of Small Particles Suspended in a Stationary Liquid)〉, 1905.

184쪽 알베르트 아인슈타인, 〈운동하는 물체의 전기역학에 관하여(On the Electrodynamics of Moving Bodies)〉, 1905.

184쪽 알베르트 아인슈타인, 〈물체의 관성은 에너지 함량에 의존하는가(Does the Inertia of a Body Depend Upon Its Energy Content?)〉, 1905.

281쪽 에드윈 허블, 〈외부 은하 성운의 거리와 기본 속도의 관계(A Relation between Distance and

Radial Velocity among Extra-galactic Nebulae)〉, 1929.

296쪽 조지 가모프(George Gamow), 〈화학원소의 기원(The Origin of Chemical Elements)〉, 1948.

342쪽 제임스 왓슨(James Watson), 프랜시스 크릭(Francis Crick), 〈핵산의 분자구조: 디옥시리보 핵산의 구조(Molecular Structure of Nucleic Acids: A Structure for Deoxyribose Nucleic Acid)〉, 1953.

345쪽 제임스 왓슨, 《이중나선(The Double Helix: A Personal Account of the Discovery of the Structure of DNA)》, Norton Critical Edition, 1980.

참고 문헌

- 구인선,《유기화학》, 녹문당, 2004.
- 김희준 외,《과학으로 수학보기, 수학으로 과학보기》, 궁리, 2005.
- 낸시 포브스 외, 박찬 외 옮김,《패러데이와 맥스웰》, 반니, 2015.
- 니콜라 찰턴 외, 강영옥 옮김,《과학자 갤러리》, 월컴퍼니, 2017.
- 데이비드 린들리, 이덕환 옮김,《볼츠만의 원자》, 승산, 2003.
- 드니즈 키어넌, 김용현 옮김,《Science 101 화학》, 이치사이언스, 2010.
- 래리 고닉, 전영택 옮김,《세상에서 가장 재미있는 미적분》, 궁리, 2012.
- 랜들 먼로, 이지연 옮김,《위험한 과학책》, 시공사, 2015.
- 루이스 엡스타인, 백윤선 옮김,《재미있는 물리여행》, 김영사, 1988.
- 리언 레더만, 박병철 옮김,《신의 입자》, 휴머니스트, 2017.
- 마르흐레이트 데 헤이르, 김성훈 옮김,《과학이 된 무모한 도전들》, 원더박스, 2014.
- 마이클 패러데이, 박택규 옮김,《양초 한 자루에 담긴 화학이야기》, 서해문집, 1998.
- 마크 휠리스 글, 래리 고닉 그림, 윤소영 옮김,《세상에서 가장 재미있는 유전학》, 궁리, 2007.
- 박성래 외,《과학사》, 전파과학사, 2000.
- 배리 가우어. 박영태 옮김,《과학의 방법》, 이학사, 2013.
- 배리 파커, 손영운 옮김,《Science 101 물리학》, 이치사이언스, 2010.
- 벤 보버, 이한음 옮김,《빛 이야기》, 웅진지식하우스, 2004.
- 브렌다 매독스, 진우기 외 옮김,《로잘린드 프랭클린과 DNA》, 양문, 2004.
- 사키가와 노리유키, 현종오 외 옮김,《유기 화합물 이야기》, 아카데미서적, 1998.
- 송성수,《한권으로 보는 인물과학사》, 북스힐, 2015.

- 아이뉴턴 편집부 엮음,《완전 도해 주기율표》, 아이뉴턴, 2017.
- 아트 후프만 글, 래리 고닉 그림, 전영택 옮김,《세상에서 가장 재미있는 물리학》, 궁리, 2007.
- 알프레드 노스 화이트헤드, 오영환 옮김,《과학과 근대세계》, 서광사, 2008.
- 애덤 하트데이비스, 강윤재 옮김.《사이언스》, 북하우스, 2010.
- 애덤 하트데이비스 외, 박유진 외 옮김,《과학의 책》, 지식갤러리, 2014.
- 이정임,《인류사를 바꾼 100대 과학사건》, 학민사, 2011.
- 정재승,《정재승의 과학 콘서트》, 어크로스, 2003.
- 제임스 D. 왓슨, 하두봉 옮김,《이중나선》, 전파과학사, 2000.
- 조지 오초아, 백승용 옮김,《Science 101 생물학》, 이치사이언스, 2010.
- 존 M. 헨쇼, 이재경 옮김,《세상의 모든 공식》, 반니, 2015.
- 존 그리빈, 김동광 옮김,《거의 모든 사람들을 위한 과학》, 한길사, 2004.
- 존 헨리, 노태복 옮김,《서양과학사상사》, 책과함께, 2013.
- 칼 세이건, 홍승수 옮김,《코스모스》, 사이언스북스, 2006.
- 커트 스테이저, 김학영 옮김,《원자, 인간을 완성하다》, 반니, 2014.
- 크레이그 크리들 글, 래리 고닉 그림, 김희준 외 옮김,《세상에서 가장 재미있는 화학》, 궁리, 2008.
- Transnational College of Lex, 김종오 외 옮김,《양자역학의 모험》, 과학과문화, 2001.
- 프랭크 H. 헤프너, 윤소영 옮김,《판스워스 교수의 생물학 강의》, 도솔, 2004.
- 피트 무어, 이명진 옮김,《관습과 통념을 뒤흔든 50인의 과학 멘토》, 책숲, 2014.
- 홍성욱,《그림으로 보는 과학의 숨은 역사》, 책세상, 2012.

찾아보기

ㅈ